十四五"新工科应用型教材建设项目成果

1世纪技能创新型人才培养系列教材 计算机系列

Java

程序设计

案例教程

U0386244

主编／龙　浩　李梦梦

副主编／蒋瑞芳　张文静　岳　敏　张雪松　宋培森

王丽娟　陈祥章　杨　勇　倪嵋林　杨庆生

中国人民大学出版社

· 北京 ·

图书在版编目（CIP）数据

Java 程序设计案例教程 / 龙浩，李梦梦主编. -- 北京：中国人民大学出版社，2022.7
21 世纪技能创新型人才培养系列教材 . 计算机系列
ISBN 978-7-300-30772-5

Ⅰ. ①J… Ⅱ. ①龙… ②李… Ⅲ. ①JAVA 语言－程序设计－高等学校－教材 Ⅳ. ① TP312.8

中国版本图书馆 CIP 数据核字（2022）第 105960 号

21 世纪技能创新型人才培养系列教材·计算机系列

Java 程序设计案例教程

主　编　龙　浩　李梦梦

副主编　蒋瑞芳　张文静　岳　敏　张雪松　宋培森　王丽娟　陈祥章　杨　勇　倪嵋林　杨庆生

Java Chengxu Sheji Anli Jiaocheng

出版发行	中国人民大学出版社		
社　　址	北京中关村大街 31 号	邮政编码	100080
电　　话	010 - 62511242（总编室）	010 - 62511770（质管部）	
	010 - 82501766（邮购部）	010 - 62514148（门市部）	
	010 - 62515195（发行公司）	010 - 62515275（盗版举报）	
网　　址	http://www.crup.com.cn		
经　　销	新华书店		
印　　刷	中煤（北京）印务有限公司		
规　　格	787 mm × 1092 mm　1/16	版　次	2022 年 7 月第 1 版
印　　张	19.5	印　次	2024 年 12 月第 2 次印刷
字　　数	400 000	定　价	66.00 元

　　党的二十大报告指出，教育、科技、人才是全面建设社会主义现代化国家的基础性、战略性支撑。教育是国之大计、党之大计。职业教育是我国教育体系的重要组成部分，肩负着"为党育人、为国育才"的神圣使命。本教材以习近平新时代中国特色社会主义思想为指导，深入贯彻落实党的二十大精神，将思想道德建设与专业素质培养融为一体，着力培养爱党爱国、敬业奉献，具有工匠精神的高素质技能人才。

　　软件技术是新一代信息技术的灵魂，是数字经济发展的基础，是制造强国、网络强国、数字中国建设的关键支撑。Java 语言作为软件开发程序员最喜爱的编程语言之一，以其自身优势在各个重要行业部门得到了广泛的应用，出现在各种各样的设备、计算机和网络中。Java 技术的通用性、高效性、平台移植性和安全性，使之成为网络计算的理想技术。从笔记本电脑到数据中心，从游戏控制台到科学超级计算机，从手机到互联网，Java 无处不在！

　　随着 Java 语言的普及和社会对 Java 程序员需求的日益增加，培养 Java 编程人员刻不容缓。许多大专院校也从社会需求出发，开设了 Java 相关课程。本书正是为高职高专计算机相关专业开设 Java 程序设计课程提供的一本内容适当、深入浅出、实用性强的项目教程。

　　本书以案例为主线，采用"做中学"和"小步幅前进"的教育理念，以任务驱动模式，按任务实际开发思路和开发过程组织教材，让读者在明确目标、掌握背景知识的情况下，毫不费力地从带有理解性质的模仿中享受成功的喜悦，在短时间内掌握 Java 面向对象和 JDBC 技术。本书共分 8 章，在每一章都安排了对应的项目案例实践。本书以实践为重点，以提出问题，解决问题，归纳分析为线索进行编写，用实际操作指导读者解决问题、学习技能。

　　第 1 章 Java 编程语言入门，主要讲解如何搭建 Java 编程环境，如何使用 IntelliJ IDEA 编写简单的 Java 控制台程序，并简单介绍了 Java 语言的基础语法。

　　第 2 章 Java 编程基础，包括 Java 的基本语法、变量、运算符、选择结构语句、循环结构语句、方法和数组等。在学习本章时，读者一定要认真、扎实，切忌走马观花。

第 3、第 4 章详细介绍了 Java 面向对象的知识，包括面向对象的封装、继承、抽象和多态等。通过这两章的学习，读者能够理解 Java 面向对象思想，了解类与对象的关系，掌握构造方法、静态方法及 this 关键字的使用。

第 5、第 6 章主要介绍 Java API 和集合相关知识，这些都是实际开发中最常用的基础知识，读者在学习这两章时，应做到完全理解每个知识点，并认真完成每个知识点案例和阶段任务案例。

第 7 章主要介绍多线程相关知识，包括线程的创建、线程的生命周期、线程的调度及多线程同步。通过学习本章的内容，读者会对多线程技术有较为深入的了解。

第 8 章主要介绍 JDBC 的基本知识，以及如何在项目中使用 JDBC 实现对数据的增加、删除、修改、查找等。通过本章的内容，读者可以了解什么是 JDBC，熟悉 JDBC 的常用 API，并能够掌握 JDBC 操作数据库的步骤。

本书通过分析解决实际问题的过程来讲解 Java 编程思想和技巧，使读者在解决问题的过程中能够举一反三，逐步领悟 Java 的理论知识。本书作者有多年的实际编程经验，在本书的编写过程中坚持以实用为原则，对常用的技术和编程规范进行透彻讲解，而不常使用的技术则不去涉及。书中的实例是从事 Java 编程人员的经验总结，具有很强的实用性，也蕴含了许多值得借鉴的编程技巧，每一个示例、每一个项目实践任务都经过上机调试并运行通过，读者可以很方便地进行代码移植。

本书主编徐州工业职业技术学院龙浩、李梦梦老师，副主编张雪松、岳敏、宋培森、王丽娟、陈祥章、杨勇老师。全书由龙浩进行统稿，陈祥章负责审稿。

由于时间仓促，加上作者水平有限，书中疏漏和不足之处在所难免，恳请广大读者批评指正，使本书得以改进和完善。

编者

CONTENTS 目录

第1章
Java 编程语言入门

教学目标

通过对本章的学习，了解 Java 语言的三种平台和特点，掌握 Java 开发环境的搭建以及环境变量的配置，理解 Java 的运行机制，会使用 IntelliJ IDEA 2021.2 开发简单的 Java 控制台程序。

知识目标

1. 了解 Java 语言的三种平台和特点。
2. 掌握 Java 开发环境（JDK）的搭建。
3. 掌握环境变量配置。
4. 掌握 IntelliJ IDEA 开发工具的基本使用。

能力目标

1. 学会下载、安装 JDK。
2. 学会配置 path 环境变量。
3. 学会使用 IntelliJ IDEA 开发简单的 Java 控制台程序。

素质目标

培养学生具有良好的学习习惯和独立思考的能力。

1.1 Java 编程语言简介

Java 语言正式诞生于 1995 年，前身是 SUN 公司研制的用于智能家电平台上运行的 Oak 语言。

1991 年，美国 SUN 公司的某个研究小组为了能够在消费电子产品上开发应用程序，积极寻找合适的编程语言。由于消费电子产品种类繁多，包括 PDA、机顶盒、手机等等，即使是同一类消费电子产品所采用的处理芯片和操作系统也不相同，也存在着跨平台的问题。当时最流行的编程语言是 C 和 C++ 语言，SUN 公司的研究人员就考虑是否可以采用 C++ 语言来编写消费电子产品的应用程序。但是研究表明，对于消费电子产品而言，C++ 语言过于复杂和庞大，并不适用，安全性也不能令人满意。于是，Bill Joy 先生领导的研究小组就着手设计和开发出一种新的语言，称之为 Oak。该语言采用了许多 C 语言的语法，提高了安全性，并且是面向对象的语言，但是 Oak 语言在商业上并未获得成功。

转眼到了 1995 年，互联网在世界上蓬勃发展，SUN 公司发现 Oak 语言所具有的跨平台、面向对象、高安全性等特点非常符合互联网的需要，于是改进了 Oak 语言的设计。最终，SUN 公司给该语言取名为 Java 语言。

Java 语言继承了前身 Oak 语言能够跨平台运行的特点，吸取了 C++ 语言的优点，融合了面向对象的编程风格。Java 以其独有的开放性、跨平台性和面向网络的交互性席卷全球，迅速从最初的编程语言发展成为全球第一大软件开发平台，广受时下程序开发人员的好评。

SUN 公司又将 Java 语言设计为可以针对移动平台、桌面系统、企业级应用进行开发的综合平台，极大地提高了 Java 语言的生产力。也就是说，当掌握了 Java 语言的基本语言特性后，再通过学习特定的开发包，就可以开发移动应用程序（如手机游戏）、桌面应用程序（QQ、MP3 播放器都属于桌面应用程序）和企业级的高级应用程序。

迄今为止，Java 平台已吸引了 650 多万软件开发者。它在各个重要的行业部门得到了广泛的应用，而且出现在各种各样的设备、计算机和网络中。Java 技术的通用性、高效性、平台移植性和安全性，使之成为网络计算的理想技术。从笔记本电脑到数据中心，从游戏控制台到科学超级计算机，从手机到互联网，Java 无处不在。

1.1.1　Java 的三种平台

SUN 公司将三种平台下的开发分别命名为 Java SE、Java ME 和 Java EE，它们是 Java 语言开发的三个分支，如图 1-1 所示。

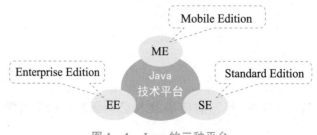

图 1-1　Java 的三种平台

Java SE：对应于桌面开发，可以开发基于控制台或图形界面的应用程序。Java SE 中包括了 Java 的基础类库，也是进一步学习其他两个分支的基础。

Java ME：对应于移动平台，如手机、PDA 等设备的开发。因为这类设备的硬件差异很大，而 Java 恰恰具有与平台无关的特性，Java 代码可以在不同的设备上运行，所以在移动平台开发中，Java ME 非常流行。从技术角度上可以认为 Java ME 是经过改变的 Java SE 的精简版。

Java EE：对应于企业级开发，包括 B/S 架构开发、分布式开发、Web 服务等非常丰富的应用内容，在软件开发企业中被大量应用。开发者需要掌握 Java 语言的语法、面向对象的思想、JSP/Servlet 技术、JDBC 技术、AJAX 技术、设计模式思想、XML 技术、Struts 框架、Spring 框架、Hibernate 框架、WebService 技术、EJB 和 JPA 技术、数据库技术等。

1.1.2 Java 语言的特点

1. 平台无关性

平台无关性是指 Java 能运行于不同的平台之上。Java 引进虚拟机原理，运行于虚拟机，使用 Java 编写的程序能在世界范围内共享。Java 的数据类型与机器无关，Java 虚拟机（Java Virtual Machine）是建立在硬件和操作系统之上的，能够实现 Java 二进制代码的解释执行功能，并提供对不同平台的接口。

2. 安全性

Java 的编程类似于 C++，学习过 C 或 C++ 的编程者将很快掌握 Java 的精髓。Java 舍弃了 C/C++ 的指针对存储器地址的直接操作，程序运行时，内存由操作系统实时分配，这样可以避免病毒通过指针侵入系统。通过字节代码验证器对字节代码的检验，也可以防止网络病毒及其他非法代码侵入。此外，Java 语言还采用了异常处理机制，负责对一些异常事件进行处理，如内存空间不够、程序异常中止等的处理。

3. 面向对象

Java 吸取了 C++ 面向对象的概念，将数据封装于类中，利用类的优点，实现了程序的简洁性和易维护性。封装性、继承性等面向对象的特征，使 Java 程序代码可以一次编译，多次使用。程序员只需把主要精力放在类和接口的设计和应用上。Java 提供了众多的一般对象的类，通过继承即可使用父类的方法。在 Java 中，类的继承关系是单一的非多重的，一个子类只有一个父类。Java 提供的 Object 类及其子类的继承关系如同一棵倒立的树形，根类为 Object 类，Object 类功能强大，经常会使用到它及其他的派生子类。

4. 分布式

Java 包括一个支持 HTTP 和 FTP 等基于 TCP/IP 协议的子库。因此，Java 应用程序可凭借 URL 打开并访问网络上的对象，其访问方式与访问本地文件系统几乎完全相同。为分布环境尤其是 Internet 提供动态内容无疑是一项非常宏伟的任务，但 Java 的语法特性却使程序员能够很容易实现这项目标。

5. 健壮性

Java 致力于检查程序在编译和运行时的错误。类型检查可以帮助检查出许多开发早期出现的错误；Java 自己操纵内存减少了内存出错的可能性；Java 还实现了真数组，避免了覆盖数据的可能。这些功能特征大大缩短了开发 Java 应用程序的周期。Java 还提供 Null 指针检测、数组边界检测、异常出口、Byte code 校验等功能。

6. 动态

Java 的动态特性是其面向对象设计方法的发展。它允许程序动态地装入运行过程中所需要的类，这是 C++ 语言进行面向对象程序设计所无法实现的。在 C++ 程序设计过程中，每当在类中增加一个实例变量或一种成员函数后，引用该类的所有子类都必须重新编译，否则将导致程序崩溃。而在 Java 程序设计过程中，如果程序连接了网络中另一系统中的某一个类，该类的所有者也可以自由地对该类进行更新，而不会使任何引用该类的程序崩溃。Java 还简化了使用一个升级的或全新的协议的方法。如果你的系统运行 Java 程序时遇到了不知怎样处理的程序，没关系，Java 能自动下载你所需要的功能程序。

1.2 Java 语言开发环境搭建

1.2.1 Java 语言跨平台原理

Java 虚拟机（Java Virtual Machine，JVM），是运行所有 Java 程序的假想计算机，是 Java 程序的运行环境，也是 Java 最具吸引力的特性之一。我们编写的 Java 代码，都运行在 JVM 之上。

那么 Java 语言跨平台原理是什么意思呢，在这里解释每一个词如下。

- ◆ 平台：指的是操作系统（Windows、Linux、Mac 等）
- ◆ 跨平台：Java 程序可以在任意操作系统上运行，实现"一次编写，到处运行"。
- ◆ 原理：实现跨平台需要依赖 Java 的虚拟机 JVM。不同版本的虚拟机如图 1-2 所示。

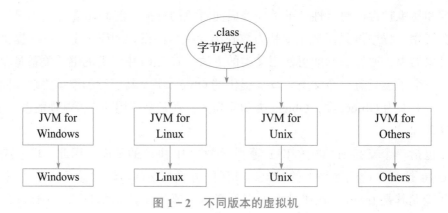

图 1-2 不同版本的虚拟机

Java 程序分为编译和运行两步，Java 程序经过编译形成 .class 字节码文件，.class 字节码文件是由虚拟机负责解释运行的，而并非操作系统。这样做的好处是可以实现跨平台性，也就是说针对不同的操作系统可以编写相同的程序，只需安装不同版本的虚拟机即可，即如果 .class 字节码文件在 Windows 系统上运行，我们只需要安装 Windows 的 JVM；如果 .class 字节码文件在 Linux 系统上运行，我们只需要安装 Linux 的 JVM。

这种方式使得 Java 语言具有"一次编写，到处运行（write once，run anywhere）"的特性，有效地解决了程序设计语言在不同操作系统编译时产生不同机器代码的问题，大大降低了程序开发和维护的成本。

需要注意的是，Java 程序通过 Java 虚拟机可以达到跨平台特性，但 Java 虚拟机并不是跨平台的。也就是说，不同操作系统上的 Java 虚拟机是不同的，即 Windows 平台上的 Java 虚拟机不能用在 Linux 平台上，反之亦然。

1.2.2　JRE 概述

JRE（Java Runtime Envirnment，Java 运行环境），包括 Java 虚拟机 JVM 和 Java 程序所需的核心类库，如果想要运行一个开发好的 Java 程序，计算机中只需要安装 JRE 即可。

1.2.3　JDK 概述

JDK 是 Java Development Kit 的简称，也就是 Java 开发工具包。JDK 是整个 Java 的核心，其中包括 Java 运行环境 JRE，Java 开发工具（Javac、Java、Javap 等）以及 Java 基础类库（比如 rt.jar）。所以安装了 JDK，就不用再单独安装 JRE 了。

为了满足用户日新月异的需求，JDK 的版本也在不断升级。在 1995 年 Java 诞生之初就提供了最早的版本 JDK1.0，随后相继推出了 JDK 1.1、JDK 1.2、JDK 1.3、JDK 1.4、JDK 5.0、JDK 6.0、JDK 7.0、JDK 8.0、JDK 9.0、JDK10.0、JDK 11.0、JDK12.0、JDK13.0。在当前企业开发中，JDK8.0 版本仍然是主流版本，所以本教材针对 JDK 8.0 版本进行讲解。

1.2.4　JDK 的下载和安装

JDK 的下载与安装

Oracle 公司提供了多种操作系统的 JDK，每种操作系统的 JDK 在使用上基本相似，初学者可以根据自己使用的操作系统，从 Oracle 官方网站下载相应的 JDK 安装文件。接下来以 64 位的 Windows10 系统为例来演示 JDK8.0 的安装过程，具体步骤如下。

1. 开始安装 JDK

双击从 Oracle 官方网站下载的安装文件"jdk-8u201-windows-x64.exe"，进入 JDK 8.0 安装界面，如图 1 - 3 所示。

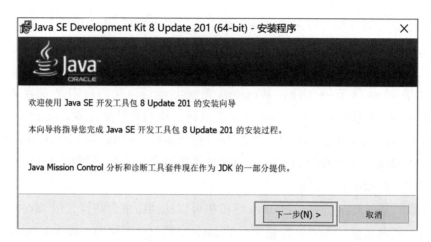

图 1 – 3　JDK 8.0 安装界面

2. 自定义安装功能和路径

单击图 1 – 3 中安装界面的【下一步】按钮，进入 JDK 的自定义安装界面，如图 1 – 4 所示。

图 1 – 4　自定义安装界面

在图 1 – 4 所示界面的左侧有 3 个功能模块可供选择，开发人员可以根据自己的需求来选择所要安装的模块，单击某个模块，在界面的右侧会出现对该模块功能的说明，具体如下。

◆　开发工具：JDK 中的核心功能模块，其中包含一系列可执行程序，如 javac.exe、java.exe 等，还包含了一个专用的 JRE 环境。

◆　源代码：Java 提供公共 API 类的源代码。

◆　公共 JRE：Java 程序的运行环境。由于开发工具中已经包含了一个 JRE，因此没有必要再安装公共的 JRE 环境，此项可以不作选择。

3. 更改 JDK 的安装路径

单击图 1-4 中的【更改】按钮，更改安装目录。在打开的界面中，输入安装文件夹名称"D:\develop\Java\jdk1.8.0_201\"，然后单击【确定】按钮，返回图 1-5 所示界面。

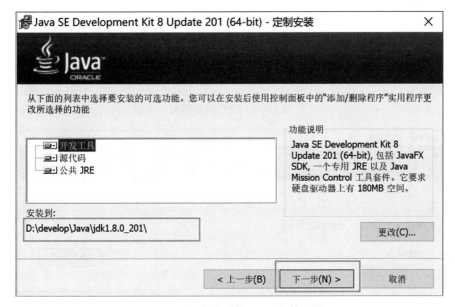

图 1-5　更改过后的 JDK 安装目录

4. JRE 的安装

单击图 1-5 的【下一步】出现图 1-6 所示 JDK 指南信息，单击【确定】出现如图 1-7 的 JRE 安装界面。我们上文中提到 JDK 中包括了 JRE，因此这里其实可以不用继续安装 JRE 了。现如今，我们计算机的内存量还是很充足的，这里就简要叙述一下 JRE 的安装。对图 1-7 更改 JRE 安装目录，安装在"D:\develop\Java\jre1.8.0_201"目录下，如图 1-8 所示。

图 1-6　JDK 指南信息

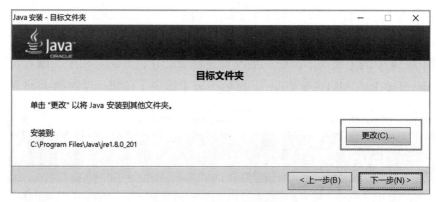

图 1 - 7　JRE 安装界面

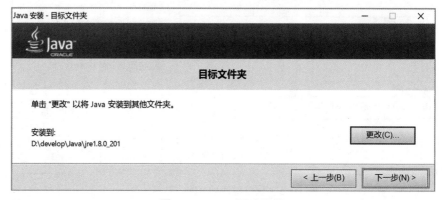

图 1 - 8　JRE 更改目录

5. 完成 JDK 安装

在对所有的安装选项做出选择后，单击图 1 - 8 所示的【下一步】按钮开始安装 JDK。安装完毕后会进入安装完成界面，如图 1 - 9 所示。

图 1 - 9　安装完成界面

单击【关闭】按钮，关闭当前窗口，完成 JDK 的安装。

1.2.5　JDK 目录介绍

JDK 安装完毕后，会在硬盘上生成一个目录，该目录被称为 JDK 安装目录，如图 1 - 10 所示。

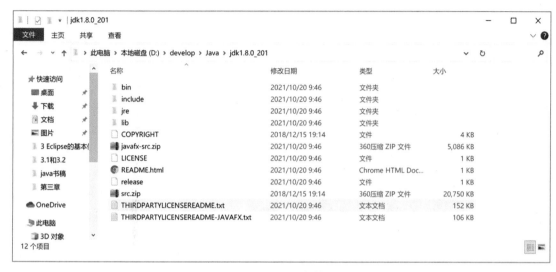

图 1 - 10　JDK 安装目录

为了更好地学习 JDK，初学者必须要对 JDK 安装目录下各个子目录的意义和作用有所了解，接下来分别对 JDK 安装目录下的子目录进行介绍。

◆　bin 目录：该目录存放的是 JDK 的工具程序，包括 javac.exe（编译程序）、java.exe（执行程序）、javadoc.exe（文档工具程序）和 appletviewer.exe（小程序）等可执行程序。

值得注意的是，在 JDK 的 bin 目录下放着很多可执行程序，其中最重要的就是 javac.exe 和 java.exe，分别如下：

javac.exe 是 Java 编译器工具，它可以将编写好的 Java 文件编译成 Java 字节码文件（可执行的 Java 程序）。Java 源文件的扩展名为 .java，如"HelloWorld.java"。编译后生成对应的 Java 字节码文件，文件的扩展名为 .class，如"HelloWorld.class"。

java.exe 是 Java 运行工具，它会启动一个 Java 虚拟机（JVM）进程，Java 虚拟机相当于一个虚拟的操作系统，它专门负责运行由 Java 编译器生成的字节码文件（.class 文件）。

◆　include 目录：存放用于本地访问的文件。本地文件主要是 C 语言的一些代码库，因为 Sun JDK 和 Open JDK 自带的 HotSpot 虚拟机是基于 CPP、C 实现的，所以在运行过程中需要调用 C 或者 C+ 的函数或者函数库。

◆　jre 目录："jre"是 Java Runtime Environment 的缩写，意为 Java 程序运行环境。此目录是 Java 运行环境的根目录，它包含 Java 虚拟机、运行时的类包、Java 应用启动器以及一个 bin 目录，但不包含开发环境中的开发工具。

◆ lib 目录：lib 是 library 的缩写，意为 Java 类库或库文件，是开发工具使用的归档包文件。

◆ src.zip 文件：src.zip 为 src 文件夹的压缩文件，src 中放置的是 JDK 核心类的源代码，通过该文件可以查看 Java 基础类的源代码。

1.2.6 DOS 命令

了解 DOS 命令的使用请扫二维码学习。

了解 DOS
命令

1.3 Hello World 入门程序

1.3.1 程序开发步骤

在 1.2 小节中通过安装 JDK 已经搭建好了 Java 开发环境，现在可以开发我们第一个 Java 程序了。Java 程序开发分为三个步骤：编写、编译、运行，如图 1-11 所示。第一步编写一个 .java 的源文件，第二步把 .java 的源文件通过编译器编译，编译结束后，会自动生成一个 .class 的字节码文件，第三步我们把 .class 的字节码文件，通过 Java 虚拟机去解释执行，最终在计算机的控制台看到想要的结果。在这三个步骤里面，编写源文件的动作，可以使用 Windows 系统里面自带的记事本文件完成，而编译和解释执行的动作使用的是 JDK 中 bin 目录下的 javac.exe 和 java.exe 命令来完成的。

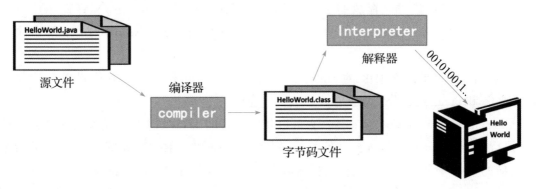

图 1-11　Java 程序开发的三个步骤

1.3.2　Hello World 的编写

在 1.3.1 小节中提到程序编译器和解释器的动作使用的是 JDK 中 bin 目录下的 javac.exe 命令和 java.exe 命令来完成的，而 javac.exe 命令和 java.exe 命令只能在 JDK 的 bin 目录下访问，所以我们在 JDK 的 bin 目录下编写源文件。

在 JDK 安装目录的 bin 目录下新建文本文档，重命名为 HelloWorld.java，然后用记事本方式打开，编写一段 Java 代码，如图 1-12 所示。

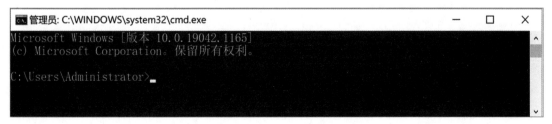

图 1 - 12　HelloWorld.java

图 1 - 12 中的代码实现了一个 Java 程序，下面对其中的代码进行简单的解释。

❖　class 是一个关键字，它用于定义一个类。在 Java 中，类就相当于一个程序，所有的代码都需要在类中书写。

❖　HelloWorld 是类的名称，简称类名。class 关键字与类名之间需要用空格、制表符、换行符等任意的空白字符进行分隔。类名之后要写一对大括号，它定义了当前这个类的管辖范围。

❖　"public static void main(String [] args){}" 定义了一个 main() 方法，该方法是 Java 程序的执行入口，程序将从 main() 方法所属大括号内的代码开始执行。

❖　在 main() 方法中编写了一条执行语句 "System.out.println("hello world!");"，它的作用是打印一段文本信息，执行完这条语句会在命令行窗口中打印 "hello world!"。

在编写程序时，需要特别注意的是，程序中出现的空格、括号、分号等符号必须采用英文半角格式，否则程序会出错。

1.3.3　Hello World 案例的编译和运行

在 1.2.6 小节中学习了 DOS 常用命令的使用。接下来利用这些命令来运行 HelloWorld 案例。我们需要在命令行模式中，进入 JDK 目录下的 bin 目录下，访问编译器 javac.exe 和解释器 java.exe 对 HelloWorld 案例进行编译和运行，具体步骤如下。

1. 打开命令窗口

使用快捷键 "Windows+R"，在运行窗口中输入 "cmd"，回车，打开命令行窗口，如图 1 - 13 所示。

图 1 - 13　命令行窗口

2. 进入 JDK 的 bin 目录下

在 1.2.4 小节中已经知道 JDK 的安装路径在 "D:\develop\Java" 目录下。那么，既然需要访问 javac.exe 和 java.exe 命令，就需要进入 JDK 的 bin 目录下，即 "D:\develop\Java\jdk1.8.0_201\bin"。在命令行输入如下命令，如图 1 – 14 所示。

图 1 – 14 进入 JDK 的 bin 目录

3. 编译 Java 源文件

在命令行模式中，输入 "javac HelloWorld.java" 命令，回车，对源文件进行编译，生成 .class 的字节码文件，如图 1 – 15 所示。

图 1 – 15 编译 HelloWorld 源文件

此时，没有报错信息显示，我们也在 JDK 的 bin 目录下看到生成出一个 .class 的字节码文件，表示编译成功了，如图 1 – 16 所示。

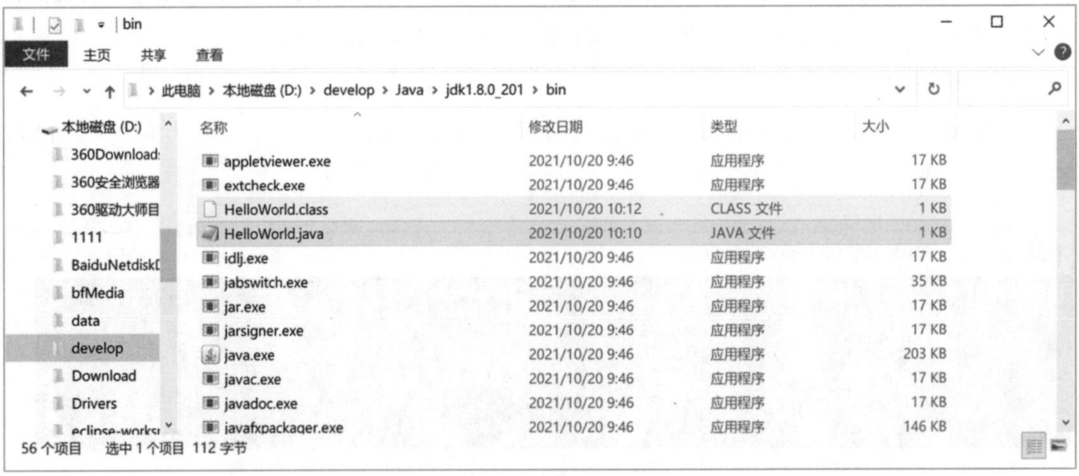

图 1 – 16 JDK 的 bin 目录

4. 运行 HelloWorld 程序

在命令行窗口中输入"java HelloWorld"命令，对编译好的 .class 字节码文件进行解释运行，运行时不需要添加 .class 扩展名，如图 1 - 17 所示。

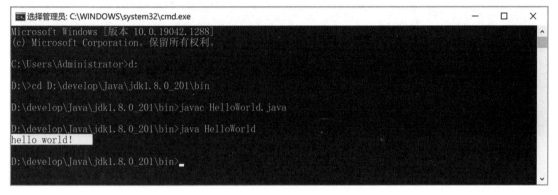

图 1 - 17　运行 HelloWorld 程序

1.4　path 环境变量的配置

1.4.1　为什么要配置环境变量

程序的编译和执行需要使用到 javac.exe 和 java.exe 命令，所以只能在 JDK 的 bin 目录下编写程序。然而在实际的开发工作中，不可能把程序写到 bin 目录下，所以我们需要让 javac.exe 和 java.exe 命令在任意目录下能够访问。

path 环境变量用于保存一系列的路径，每个路径之间以分号分隔，当在命令行窗口运行一个可执行文件时，操作系统首先会在当前目录下查找是否存在该文件，如果不存在，会继续在 path 环境变量中定义的路径下寻找这个文件，如果仍未找到，系统会报错。例如，在命令行窗口输入"javac"命令，并按下回车，会看到错误提示，如图 1 - 18 所示。

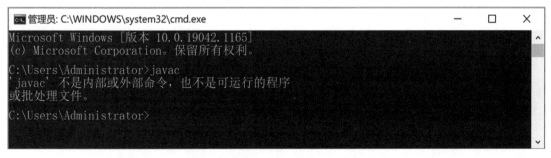

图 1 - 18　找不到 javac.exe 命令

从图 1 - 18 的错误提示可以看出，系统没有找到 javac 命令。在命令行窗口输入"set path"命令，可以查看当前系统的 path 环境变量，如图 1 - 19 所示。

从图 1 - 19 中列出的 path 环境变量可以看出，其中并没有包含"javac"命令所在的目录，因此操作系统找不到该命令。

图 1 - 19 查看 path 环境变量

1.4.2 如何配置环境变量

为了方便开发，不必每次都把程序写在 JDK 目录的 bin 目录下，我们需要配置环境变量。配置环境变量的步骤如下：

1. 查看 Windows 系统属性中的环境变量

右键单击桌面上的【计算机】，在出现的窗口中选择【高级系统设置】选项，然后在上方 5 个标签中选择【高级】，在【高级】窗口中单击【环境变量】按钮，打开【环境变量】窗口，如图 1 - 20 所示。

Java 环境变量
的配置

图 1 - 20 环境变量窗口

2. 设置 path 系统环境变量

在【环境变量】窗口下方的【系统变量】区域中单击【新建】按钮，出现【新建系统变量】窗口，在该窗口的【变量名】文本区域中输入 "JAVA_HOME"，在【变量值】的文本区域中，输入 JDK 的安装目录，即 "D:\develop\Java\jdk1.8.0_201"，如图 1 - 21 所示。注意，在文本区域中的大小写输入必须一致。

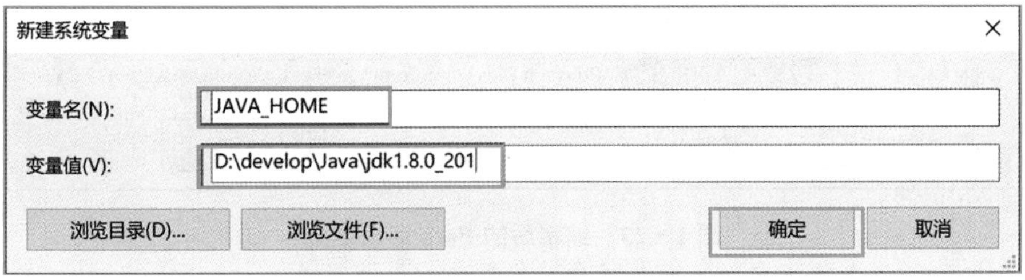

图 1 - 21　新建后的系统变量窗口

添加完成之后，单击图 1 - 21 的【确定】按钮。此时，我们给 Java 新建了一个家。

接下来，我们再修改一个已经存在的系统变量。在图 1 - 20 的【环境变量】窗口下方的【系统变量】区域中找到一个 Path 行，如图 1 - 22 所示。

图 1 - 22　环境变量窗口中的 Path

选中 Path 之后，单击【编辑】按钮，打开【编辑系统环境】窗口，在窗口中单击【编辑文本】按钮，在 Path 环境变量最前面，输入 "%JAVA_HOME%\bin;"，注意，大小写必须一致，最后的分号是英文的而且不可缺少，如图 1 – 23 所示。

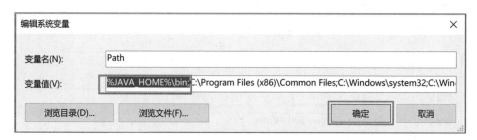

图 1 – 23　编辑后的 Path 环境变量

上述操作完成之后，依次单击打开窗口的【确定】按钮，完成设置。

3. 验证设置的 path 系统环境变量

利用快捷键 "Windows+R"，输入 "cmd" 打开命令行窗口，在命令行窗口中输入 "javac" 命令，回车，如图 1 – 24 所示。

图 1 – 24　查看 javac 命令帮助信息

从图 1 – 24 可以看出，此时能正常地显示帮助信息，说明系统 path 环境变量配置成功，系统永久地记住了 path 环境变量的设置，我们可以在任意路径下访问 javac 命令。

1.5 IntelliJ IDEA 开发工具

1.5.1 IntelliJ IDEA 简介

在实际项目开发过程中，由于使用记事本编写代码速度慢，且容易排错，所以程序员很少用它来编写代码。为了提高程序的开发效率，大部分软件开发人员都是使用集成开发工具（IDE，Integrated Development Environment）来进行 Java 程序开发。正所谓"工欲善其事，必先利其器"，接下来就为大家介绍一种 Java 常用的开发工具——IntelliJ IDEA。

IntelliJ IDEA 是 JetBrians 公司的产品，该公司旗下还有 AppCode、CLion、DataGri、PyCharm 等产品，这些能够用来开发 IOS、C/C++、数据库和 SQL、Python 等。

IntelliJ IDEA，简称 IDEA，是 Java 语言的集成开发环境，IDEA 在业界被公认为是最好的 Java 开发工具之一，尤其在智能代码助手、代码自动提示、重构、J2EE 支持、Ant、JUnit、CVS 整合、代码审查、创新的 GUI 设计等方面的功能可以说是超常的。IDEA 主要用于支持 Java、Scala、Groovy 等语言的开发工具，同时具备支持目前主流的技术和框架，擅长于企业应用、移动应用和 Web 应用的开发。

相较于另一个常用的集成开发环境 Eclipse 而言，IDEA 的主要优势体现在强大的整合能力，比如：Git、Maven、Spring 等；提示功能的快速、便捷；提示功能的范围广；好用的快捷键和代码模板；精准搜索等。

1.5.2 安装前准备

1. 硬件要求

- 内存：最低 2 GB，建议 4 GB。
- 硬盘：1.5 GB 硬盘空间 + 至少 1 GB 缓存空间。
- 屏幕：最低分辨率 1024×768。

个人建议配置：内存 8GB 或以上，CPU 最好 i5 以上，最好安装块固态硬盘（SSD），将 IDEA 安装在固态硬盘上，这样流畅度会好很多。

2. 软件要求

操作系统：Microsoft Windows 10/8/7/Vista/2003/XP (32 or 64 位)。

软件环境：JDK（1.2 小节已经完成了 JDK1.8 的安装）。

1.5.3 IntelliJ IDEA 安装

从" https://www.jetbrains.com/"官方网站下载 IntelliJ IDEA。JetBrains 官方网站提供了不同操作系统下的旗舰版（Ultimate）和社区版（Community）的 IDEA。旗舰版收费，支持的功能更多；社区版免费，功能相对较少。如果是做 JavaSE 这种桌面上开发、Andriod 等，只需要安装社区版就可以了。如果做 JavaEE 开发，需要使用框架集成等，

就必须要用旗舰版。接下来以 64 位的 Windows10 系统为例演示 IntelliJ IDEA-2021.2.1
社区版的安装过程。

1. 打开 IDEA 安装界面

双击从 JetBrain 官方网站下载的安装文件"ideaIC-2021.2.1.exe",进入 IDEA 安装
界面,如图 1 - 25 所示。

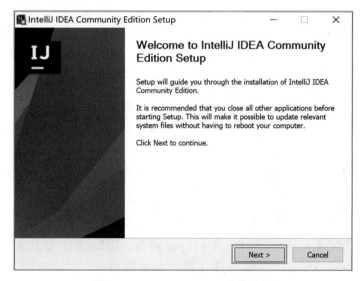

图 1 - 25　IntelliJ IDEA 安装界面

2. 自定义安装路径

单击图 1 - 25 中安装界面的【Next】按钮,进入 IDEA 的自定义安装界面,如
图 1 - 26 所示。

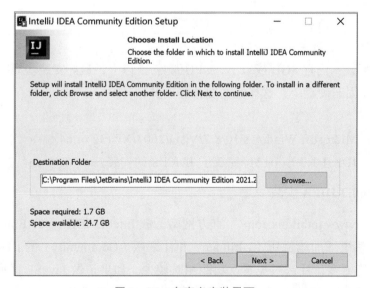

图 1 - 26　自定义安装界面

将图 1 - 26 安装路径更改为 " d:\develop\IntelliJ IDEA Community Edition 2021.2.1",
如图 1 - 27 所示。

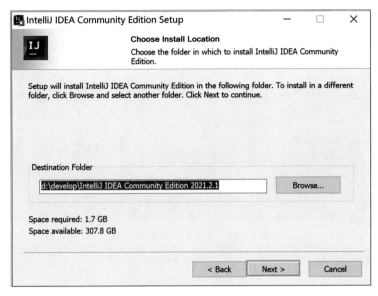

图 1 - 27 更改路径

3. IDEA 安装选择

单击图 1 - 27 的【Next】按钮,进入 IDEA 安装选择界面,并且勾选如下选项,如
图 1 - 28 所示。

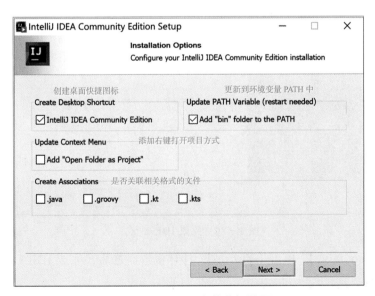

图 1 - 28 IDEA 安装选择界面

单击图 1 - 28 的【Next】按钮,出现如图 1 - 29 所示界面。

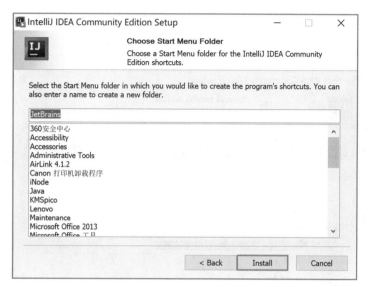

图 1 - 29　IDEA 版本设置界面

4. 完成安装

单击图 1 - 29 中的【Install】按钮，开始安装，可能需要等待一段时间，出现如图 1 - 30 所示界面。

图 1 - 30　完成 IDEA 安装

选择【Reboot now】，单击【Finish】，计算机重启之后，完成 IDEA 的安装。

1.5.4　IntelliJ IDEA 安装总结

从安装上来看，IntelliJ IDEA 对硬件的要求似乎不是很高。可是在实际开发中其实并不是这样，因为 IntelliJ IDEA 执行时会有大量的缓存、索引文件，所以如果你正在使用 Eclipse / MyEclipse，想通过 IntelliJ IDEA 来解决计算机的卡、慢等问题，这基本上是不可能的，本质上应该对自己的硬件设备进行升级。

1.5.5　查看 IntelliJ IDEA 安装目录结构

IDEA 的安装目录如图 1-31 所示。

图 1-31　IDEA 安装目录

- bin：包括一些启动文件、相关的配置信息，IDEA 基本的属性信息等。
- jbr：IDEA 自带的 Java 运行环境，是 IDEA 一个比较新的变化。
- lib：idea 依赖的相关类库。
- license：相关插件许可信息。
- plugins：插件。
- redist：一些杂项。

1.5.6　IntelliJ IDEA 启动与设置选择

具体步骤如下：

（1）双击桌面上 IntelliJ IDEA 的快捷方式，首次启动，会弹出如图 1-32 所示的 Jetbrains 社区版协议窗口。

勾选 "I confirm that I have read and accept the terms of this User Argeement"，单击【Continue】按钮。

（2）接下来会弹出 "Data Sharing" 窗口，如图 1-33 所示，这个是帮助 JetBrains 公司做改进使用的，单击【Don't Send】按钮。

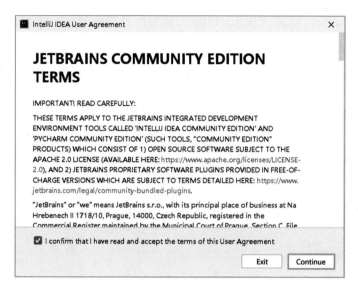

图 1 - 32　Jetbrains 社区版协议

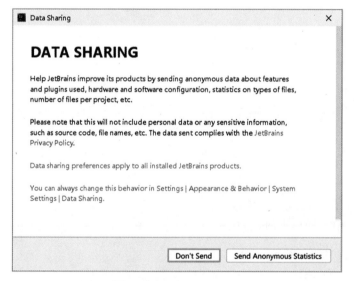

图 1 - 33　Data Sharing

（3）此时，IntelliJ IDEA 开始启动，启动完成后，进入 IntelliJ IDEA 欢迎界面，如图 1 - 34 所示。

（4）在【Projects】选项卡中，有【New Project】、【Open】和【Get from VCS】三个选项：

【New Project】：创建一个新的项目。

【Open】：打开一个已有的项目。

【Get from VCS】：可以复制服务器上的项目地址、Github 中的项目或者其他的 Git 托管服务器的项目。比如，单击【Get from VCS】按钮，出现图 1 - 35 所示界面。

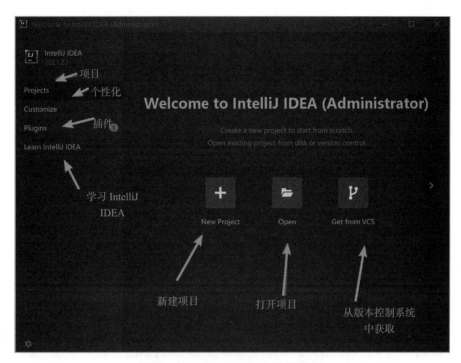

图 1－34　IntelliJ IDEA 欢迎界面

图 1－35　从其他网站复制项目

　　关闭图 1－35 所示界面，再回到图 1－34 所示界面。单击图 1－34 所示界面左边的
【Customize】选项卡，这个选项是关于 IntelliJ IDEA 中的一些个性化设置，如图 1－36 所示。

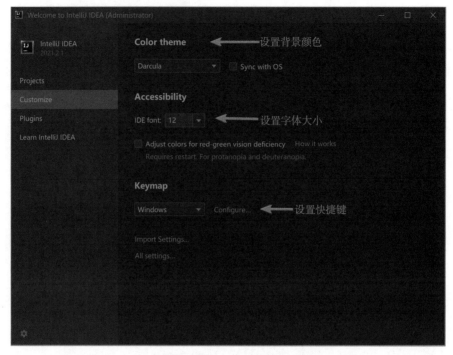

图 1 - 36　个性化设置

这里，先学习第一个"设置背景颜色"。在【Color theme】下拉框中，默认是"Darcula"背景，当选择【IntelliJ Light】时，背景界面为白色，如图 1 - 37 所示。为了方便学习，我们后期将使用 IntelliJ IDEA 白色背景。大家可以自行选择喜爱的背景颜色。

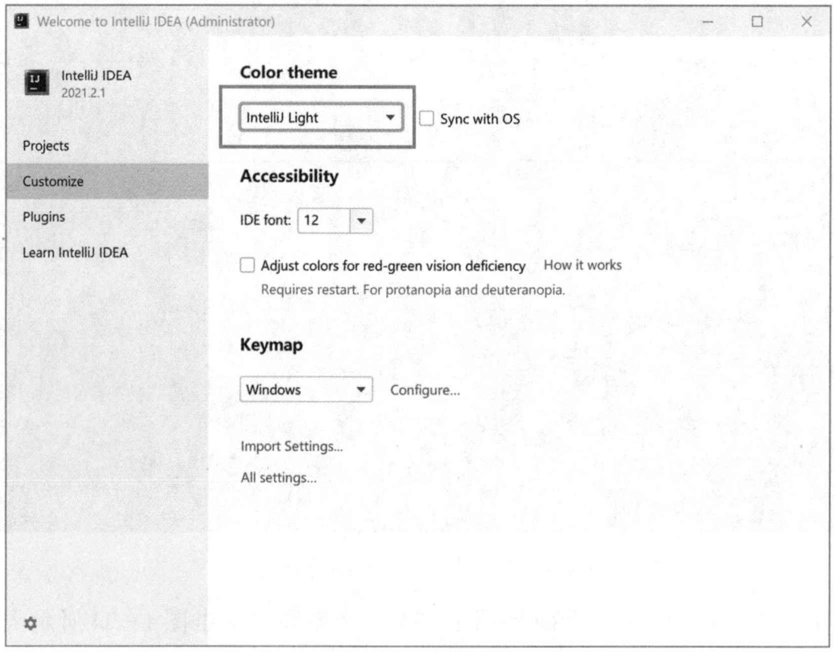

图 1 - 37　设置背景颜色

其余设置，将在之后演示。

1.5.7　IntelliJ IDEA 程序开发

通过前面的学习，大家对 IntelliJ IDEA 开发工具应该有了一个基本的认识。本小节将学习如何使用 IntelliJ IDEA 完成程序的编写和运行。

接下来通过 IntelliJ IDEA 创建一个 Java 程序，并实现在控制台打印"你好，java！"，具体步骤如下。

1. 创建 Java 项目

单击图 1－37 左侧【 Projects 】选项卡，该选项卡下，单击【 New Project 】选项，新建项目，如图 1－38 所示。

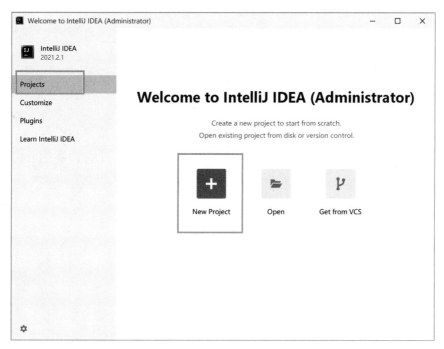

图 1－38　新建项目

接下来，出现如图 1－39 所示项目选择窗口，在该窗口下，依次单击选项【 Java 】→【 1.8 version 1.8.0_202 】→【 Next 】，打开如图 1－40 界面。

单击图 1－40 界面中的【 Next 】按钮，不用勾选" Create project from template"，出现如图 1－41 所示界面。

图 1－41 所示的对话窗口中【 Project name 】文本框表示项目的名称，这里将项目命名为" JavaSE-Code"，【 Project location 】文本框表示项目的位置，存放在" D:\IdeaProjects\JavaSE-Code"目录下，然后单击【 Finish 】按钮完成项目的创建。这时会出现如图 1－42所示的 IntelliJ IDEA 工作台。

图 1 - 39   Java 项目选择窗口

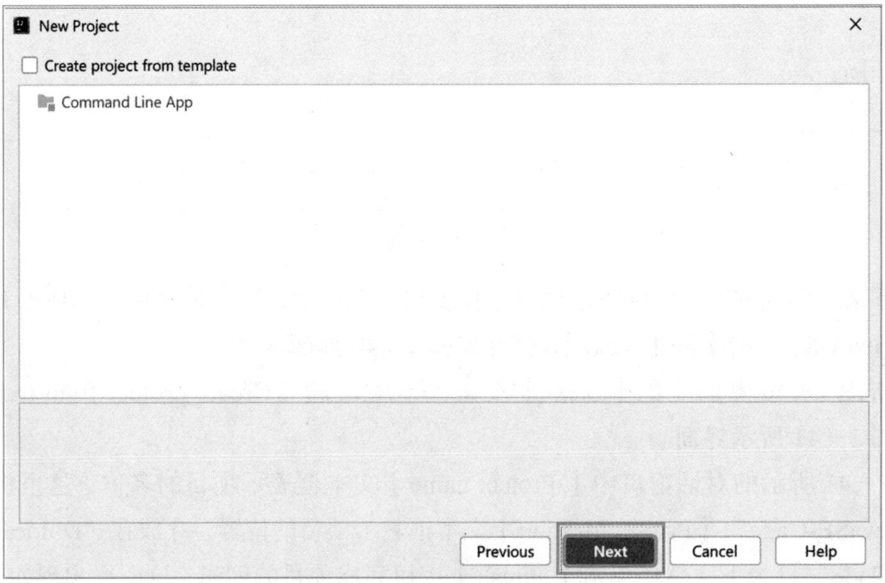

图 1 - 40   项目历史创建模板

图 1-41　Java 项目重命名界面

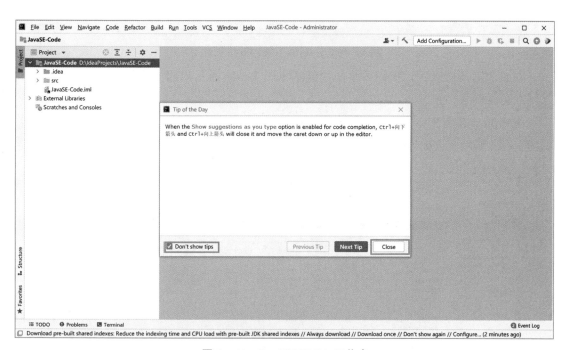

图 1-42　IntelliJ IDEA 工作台

在图 1-42 中间弹出一个对话框【Tip of the Day】，如果不勾选，下次打开 IntelliJ IDEA 界面还会弹出这个对话框，这个提示只是一些帮助信息而已，我们勾选"Don't show tips"，并单击【Close】按钮，关闭这个对话框。

单击最上方菜单栏中的【View】→【Apperance】→【Toolbar】，打开如图 1-43 所示的 IntelliJ IDEA 改进工作台。

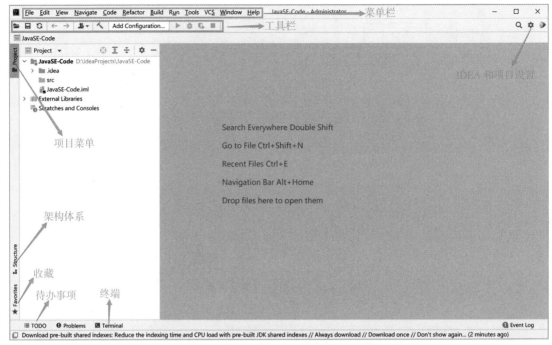

图 1 - 43　IntelliJ IDEA 改进工作台

添加上工具栏以后，我们后续使用就基于图 1 - 43 所示界面操作代码。

2. 新建模块

在 Project 视图中，鼠标右键单击【 JavaSE-Code 】项目，选择【 New 】→【 Module 】，如图 1 - 44 所示，会出现一个【 New Module 】对话框，如图 1 - 45 所示。

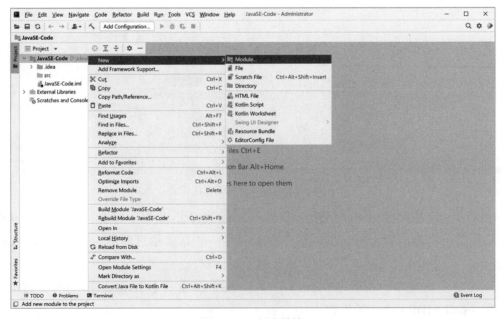

图 1 - 44　新建模块

选择【Java】→【Project SDK 1.8】，然后单击【Next】按钮，进入下一步。

图 1 - 45　新建模块的选择

接下来，弹出如图 1 - 46 所示的模块重命名界面，在【Module name】文本框表示模块的名称，这里将模块命名为 "chapter01"，其余不变，仍然在当前的 Java 项目目录下。

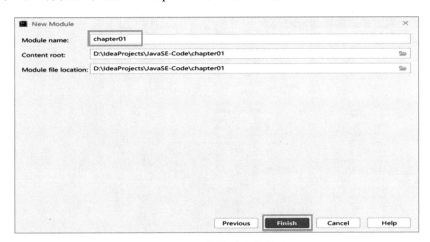

图 1 - 46　模块重命名界面

单击【Finish】按钮，完成模块的创建，如图 1 - 47 所示。

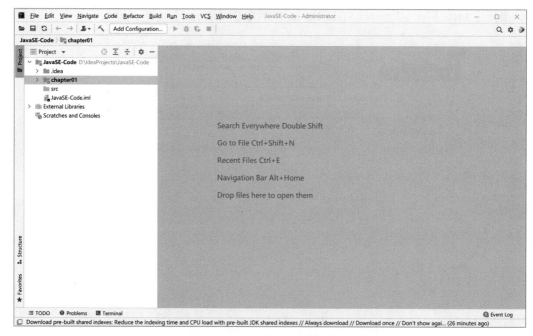

图 1 – 47　完成模块创建

3. 在模块下创建包

在 Project 视图中，鼠标右键单击【chapter01】模块下的 src 文件夹，选择【New】→【Package】，如图 1 – 48 所示，出现一个【New Package】对话框，如图 1 – 49 所示。在文本框中将包命名为"cn.itcast.chapter01"，然后回车，完成包的创建。

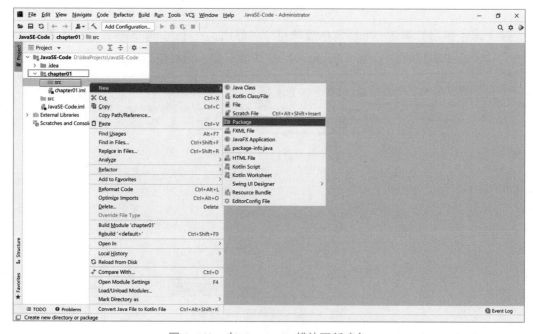

图 1 – 48　在 chapter01 模块下新建包

图 1 - 49　New Package

4. 创建 Java 类

鼠标右键单击包名，选择【 New 】→【 Java Class 】，弹出【 New Java Class 】对话框，如图 1 - 50 所示。

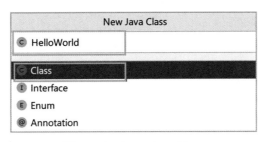

图 1 - 50　New Java Class

在文本框中创建一个 HelloWorld 类，注意下面选项下拉框中默认是"Class"，回车，完成 Java 类的创建。这时，在" cn.itacst.chapter01"包下就出现了一个 HelloWorld.java 文件，如图 1 - 51 所示。

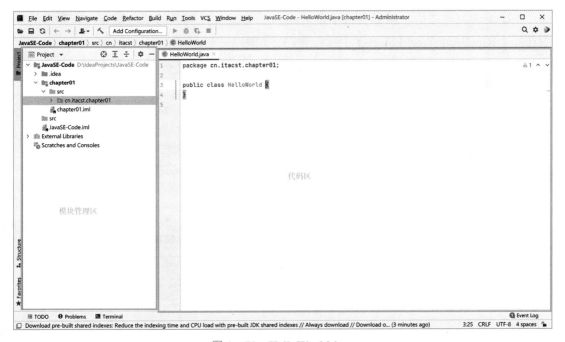

图 1 - 51　HelloWorld.java

5. 编写程序代码

创建好了 HelloWorld 类后，接着就可以在图 1 - 51 所示的 HelloWorld.java 区域中完成代码的编写工作，在这里只写 main() 方法和一条输出语句"System.out.println（"你好，java！"）"，如图 1 - 52 所示。

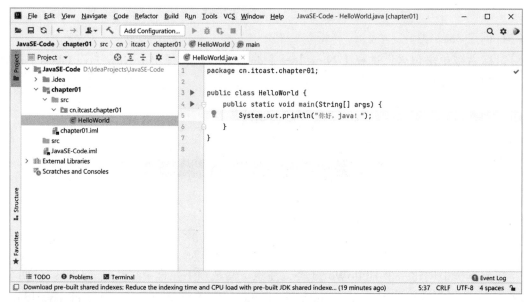

图 1 - 52　编写程序代码

6. 运行程序

程序编辑完成之后，鼠标右键单击 HelloWorld.java 代码区的空白地方，在弹出的框中选择【Run 'HelloWorld.main()' 】运行程序，如图 1 - 53 所示。

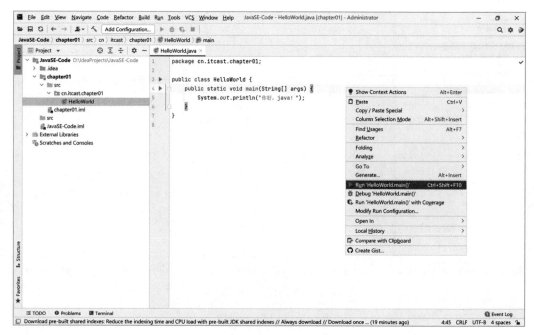

图 1 - 53　运行程序

也可以在选中文件后，直接单击工具栏上的 ▶ 按钮运行程序。程序运行完毕后，会在 Console 视图中看到运行结果，如图 1 - 54 所示。

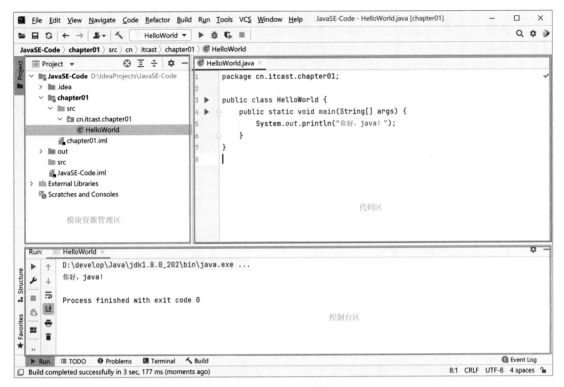

图 1 - 54 运行结果

此时，JavaSE-Code 项目下的 src 就没什么用了，我们可以选择删掉。

说明：在 IDEA 里要说的是，写完代码，不用单击保存，IDEA 会自动保存代码。

1.5.8 模块 Module 的使用

了解模块 Module 的使用参考二维码显示。

了解模块
Module 的使用

📄 **本章小结**

本章首先介绍了什么是 Java 语言以及相关特性和平台，然后介绍了在 Windows 系统平台中搭建 Java 开发环境和配置环境变量的方法，并演示了编写一个简单 Java 程序的步骤，最后介绍了 IntelliJ IDEA 开发工具的特点、下载、安装以及入门程序的编写。

通过本章的学习，大家能够对 Java 语言以及其相关特性有一个概念上的认识。重点需要掌握的是 Java 开发环境的搭建、程序开发步骤、path 环境变量配置以及如何使用 IntelliJ IDEA 开发应用程序。

本章习题

一、填空题

1. Java 是一种_____语言，它是由_____公司（已被 Oracle 公司收购）开发的高级程序设计语言。

2. 针对不同的开发市场，SUN 公司将 Java 划分为三个技术平台，它们分别是_____、_____和_____。

3. Java 语言的特点有简单性、_____、_____、安全性，支持_____和分布式。

4. SUN 公司提供了一套 Java 开发环境，简称_____。

5. JDK 中，存放可执行程序的目录是_____。

二、选择题

1. Java 属于哪种语言？（   ）

  A. 机器语言　　　　B. 汇编语言　　　　C. 高级语言　　　　D. 以上都不对

2. Java 语言的特点有哪些？（多选）（   ）

  A. 简单性　　　　B. 面向对象　　　　C. 跨平台性　　　　D. 支持多线程

3. 在 JDK 的 bin 目录下有许多 exe 可执行文件，其中 java.exe 命令的作用是（   ）。

  A. Java 文档制作工具　　　　　　B. Java 解释器

  C. Java 编译器　　　　　　　　　D. Java 启动器

4. 下面哪种类型的文件可以在 Java 虚拟机中运行？（   ）

  A. .java　　　　B. .jre　　　　C. .exe　　　　D. .class

5. 编译 Java 程序的命令是（   ）。

  A. appletviewer　　B. javac　　　　C. java　　　　D. javadoc

三、简答题

1. 简述 path 环境变量的作用。

2. 简述 Java 的运行机制。

四、编程题

使用记事本编写一个 Hello World 程序，并在命令行窗口编译运行，并打印输出结果。

第2章

Java 编程基础

 教学目标

知识目标

1. 掌握 Java 的基本语法格式。
2. 掌握常量、变量的定义和使用。
3. 掌握运算符的使用。
4. 掌握选择结构语句的使用。
5. 掌握循环结构语句的使用。
6. 掌握方法的定义与调用。
7. 掌握数组的定义与使用。

能力目标

1. 能够编写简单的程序。
2. 能够根据流程控制语句，编写较为复杂的程序。
3. 灵活掌握方法和数组的使用，编写小型的猜数字游戏。

素质目标

培养学生具有创新思维和拓展学习的能力。

通过学习第 1 章，大家已经对 Java 语言有了基本认识，但现在还无法使用 Java 语言编写程序，要熟练使用 Java 语言编写程序，必须充分掌握 Java 语言的基本知识。本章将对 Java 语言的基本语法、变量、运算符、方法和数组等知识进行详细的讲解。

2.1　Java 的基本语法

每一种编程语言都有一套自己的语法规范，Java 语言也不例外，同样需要遵从一定的语法规范，如代码的书写、标识符的定义、关键字的应用等。因此要学好 Java 语言，首选需要熟悉它的基本语法。

2.1.1　Java 代码的基本格式

Java 中的程序代码都必须放在一个类中。类需要使用 class 关键字定义，在 class 前面可以有一些修饰符，格式如下：

```
修饰符 class 类名 {
    程序代码
}
```

在编写 Java 代码时，需要特别注意下列几个关键点：

（1）Java 中的程序代码可分为结构定义语句和功能执行语句，其中，结构定义语句用于声明一个类或方法；功能执行语句用于实现具体的功能，每条功能执行语句的最后都必须用分号（;）结束。

```
System.out.println(" 你好，java");
```

（2）Java 语言严格区分大小写。例如，定义一个类时，Computer 和 computer 是两个完全不同的符号，在使用时务必注意。

（3）虽然 Java 没有严格要求用什么样的格式来编排程序代码，但是，出于可读性的考虑，应该让自己编写的程序代码整齐美观、层次清晰。以下两种方式都可以，但是建议使用后一种。

方式一：

```
public class HelloWorld {
public static void
main(String[
] args) {System.out.println(" 你好 ");}}
```

方式二：

```
public class HelloWorld {
    public static void main(String[] args) {
        System.out.println(" 你好，java");
    }
}
```

（4）Java 程序中一句连续的字符串不能分开在两行中书写，例如，下面这条语句在编译时将会出错：

```
System.out.println(" 你好,
java");
```

如果为了便于阅读,想将一个太长的字符串分在两行中书写,可以先将这个字符串分成两个字符串,然后用加号(+)将这两个字符串连起来,在加号(+)处断行,上面的语句可以修改成如下形式:

```
System.out.println(" 你好, " +
"java");
```

2.1.2　Java 的注释

在编写程序时,为了使代码易于阅读,通常会在实现功能的同时为代码加一些注释。注释是对程序的某个功能或者某行代码的解释说明,它只在 Java 源文件中有效,在编译程序时编译器会忽略这些注释信息,不会将其编译到 class 字节码文件中去。

Java 中的注释有三种类型,具体如下:

1. 单行注释

单行注释通常用于对程序中的某一行代码进行解释,用符号" //"表示," //"后面为被注释的内容,具体示例如下:

```
int c=10;    // 定义一个整型变量
```

2. 多行注释

多行注释就是注释的内容可以为多行,它以符号" /*"开关,以符号" */"结尾。多行注释的具体示例如下:

```
/*int c=10;
int x=5;*/
```

3. 文档注释

文档注释是以" /**"开头,并在注释内容末尾以" */"结束。文档注释是对一段代码概括性的解释说明,可以使用 javadoc 命令将文档注释提取出来生成帮助文档。

2.1.3　Java 中的标识符

程序中的各种数据对象,如常量、变量、方法、类、包等,都需要确定的名称,以方便使用,这种名称叫作标识符。

在 Java 语言中,标识符必须由字母、数字、美元符号" $"和下划线" _"组成,并且不能以数字开头,也不能与关键字同名。

下面这些标识符都是合法的:

```
username
```

```
username123
user_name
_userName
$username
```

注意，下面这些标识符都是不合法的：

```
123username
class
98.3
Hello World
```

在 Java 程序中定义的标识符必须要严格遵守上面列出的规范，否则程序会在编译时报错。处理上面列出的规范，为了增强代码的可读性，建议初学者在定义标识符时还应该遵循以下规则：

（1）包名所有字母一律小写，例如：cn.itcast.test。

（2）类名和接口名每个单词的首字母都要大写，例如：HelloWorld、ArrayList。

（3）常量名所有字母都大写，单词之间用下划线连接，例如：DAY_OF_MONTH。

（4）变量名和方法名的第一个单词首字母小写，从第二个单词开始每个单词首字母大写，例如：lineNumber、getAge。

（5）在程序中，应该尽量使用有意义的英文单词来定义标识符，使程序便于阅读，例如使用 userName 表示用户名，passWord 表示密码。

2.1.4　Java 的关键字

关键字又称保留字，是 Java 语言本身使用的标识符，它们有其特定的语法含义。程序员不要将关键字作为自己的标识符。Java 的关键字见表 2‑1。

表 2‑1　Java 的关键字

用于定义数据类型的关键字				
class	interface	byte	short	enum
char	int	long	float	double
boolean	void			
用于定义流程控制的关键字				
if	else	default	switch	case
while	do	for	break	continue
return				
用于定义访问权限修饰符的关键字				
private	protected	public		
用于定义类、函数、变量修饰符的关键字				
abstract	final	static	synchronized	

续表

用于定义类与类之间关系的关键字				
extends	implements			
用于定义建立实例及引用实例、判断实例的关键字				
new	this	super	instanceof	
用于异常处理的关键字				
try	catch	finally	throw	throws
用于包的关键字				
package	import			
其他修饰符关键字				
native	strictfp	transient	volatile	assert

对于刚学习 Java 语言的初学者来说，如果要全部记忆上述的关键字是比较麻烦的，其实也是没必要的，随着知识熟练度的加强，会慢慢记住这些关键字的使用的，不用强记。

使用 Java 关键字时，有几个值得注意的地方：

（1）所有的关键字都是小写的。

（2）程序中的标识符不能以关键字命名。

（3）const 和 goto 是保留关键字，虽然在 Java 中还没有任何意义，但在程序中不能用来作为自定义的标识符。

（4）true、false 和 null 不属于关键字，它们是一个单独标识类型，不能直接使用。

2.2 Java 中的变量

2.2.1 变量的定义和输出

1. 变量的定义

在程序运行期间，随时可能产生一些临时数据，应用程序会将这些数据保存在一些内存单元中，每个内存单元都用一个标识符来标识。这些内存单元我们称之为变量，定义的标识符就是变量名，内存单元中存储的数据就是变量的值。

变量是程序最基本的存储单元，包含变量类型、变量名、存储的值。

变量的定义格式有如下两种：

（1）先声明后赋值。

声明：数据类型变量名，例如：

int a;

赋值：变量名＝值，例如：

a=10;

（2）边声明边赋值。

声明＋赋值：数据类型变量名＝初始化值，例如

int a=10;

接下来，我们通过一个例子来理解变量的定义：

int x=0,y;
y=x+3;

上面的代码中，第一行代码的作用是定义了两个变量 x 和 y，也就相当于分配了两块内存单元，在定义变量的同时为变量 x 分配了一个初始值 0，而变量 y 没有分配初始值。变量 x 和 y 在内存中的状态如图 2-1 所示。

第二行代码的作用是为变量赋值，在执行第二行代码时，程序首先取出变量 x 的值，与 3 相加后，将结果赋值给变量 y，此时变量 x 和 y 在内存中的状态发生了变化，如图 2-2 所示。

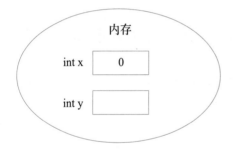
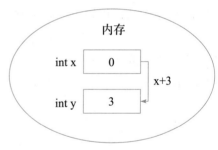

图 2-1　x、y 变量在内存中的状态　　　　图 2-2　x、y 变量在内存中的状态

2. 变量的输出

变量的输出很简单，直接输出变量名即可。格式如下：

System.out.println(变量名);

例如：

int x=0;
System.out.println(x);

2.2.2　Java 的数据类型

Java 语言是一种强类型的编程语言，它对变量的数据类型有严格的限定，这意味着每个变量都必须有一个声明好的类型。在定义变量时必须声明变量的类型，在为变量赋

值时必须赋予和变量同一种类型的值，否则程序会报错。在 Java 中，变量的数据类型分为两种，即基本数据类型和引用数据类型，如图 2 - 3 所示。

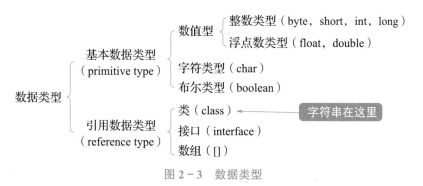

图 2 - 3　数据类型

Java 中的基本数据类型有固定的取值范围和字段长度，不受具体操作系统的影响，以保证 Java 程序的可移植性，而引用数据类型是在 Java 程序中由编程人员自己定义的变量类型。本章重点介绍 Java 中的基本数据类型，引用数据类型会在以后章节中进行详细的讲解。

1. 整数类型变量

整数类型变量用来存储整数数值，即没有小数部分的值。在 Java 中，为了给不同大小范围内的整数合理地分配存储空间，整数类型分为 4 种不同的类型：字节型（byte）、短整型（short）、整型（int）和长整型（long）。4 种类型所占存储空间的大小以及取值范围见表 2 - 2。

表 2 - 2　整数类型

类型名	占用空间	取值范围
byte	8 位（1 个字节）	$2^7 \sim 2^7-1$
short	16 位（2 个字节）	$2^{15} \sim 2^{15}-1$
int	32 位（4 个字节）	$2^{31} \sim 2^{31}-1$
long	64 位（8 个字节）	$2^{63} \sim 2^{63}-1$

占用空间指的是不同类型的变量分别占用的内存大小，如一个 int 类型的变量会占用 4 个字节大小的内存空间。取值范围是变量存储的值不能超出的范围，如一个 byte 类型的变量必须是 $-2^7 \sim 2^7-1$ 之间的整数。

> 注意：
>
> （1）Java 的整型常量默认为 int 型，声明 long 型常量须后加字母 L（或者 l），例如：
>
> long num=2200000000L;
>
> （2）Java 程序中变量通常声明为 int 型，除非不足以表示较大的数，才使用 long。

接下来通过一个案例来巩固上述整型变量，完成两个整数的相加：

```
package cn.itcast.chapter02;
public class Example01 {
    public static void main(String[] args) {
        int num1=10;
        int num2=20;
        int sum=num1+num2;
        System.out.println("sum:"+sum);
    }
}
```

运行结果如图 2-4 所示。

图 2-4　运行结果

2. 浮点数类型变量

浮点数类型变量用来存储小数数值。在 Java 中，浮点数类型分为两种：单精度浮点数（float）和双精度浮点数（double）。double 型浮点数比 float 型更精确，两种浮点数所占存储空间的大小以及取值范围见表 2-3。

表 2-3　浮点数类型

类型名	占用空间	取值范围
float	32 位（4 个字节）	1.4E-45 ～ 3.4E+38,3.4E+38 ～ 1.4E-45
double	64 位（8 个字节）	4.9E-324 ～ 1.7E+308,1.7E+308 ～ 4.9E-324

在取值范围中，E 表示以 10 为底的指数，E 后面的"+"号和"-"号代表正指数和负指数，例如 1.4E-45 表示 $1.4*10^{-45}$。

浮点数几点说明：

（1）float 是单精度型，尾数可以精确到 7 位有效数字。很多情况下，精度很难满足需求。

（2）double 是双精度型，精度是 float 的两倍。通常采用此类型。

（3）Java 的浮点型常量默认为 double 型，声明 float 型常量，须后加字母 f（或者 F）。

double 类型的数值也可以使用后缀字母 d（或者 D）。

```
float f=123.4f;            // 为一个 float 类型的变量赋值，后面必须加上字母 f
double d1=100.1;           // 为一个 double 类型的变量赋值，后面可以省略字母 d
double d2=199.3d;          // 为一个 double 类型的变量赋值，后面可以加上字母 d
```

（4）在程序中也可以为一个浮点数类型变量赋予一个整数数值，例如下面的写法也是可以的。

```
float f=100;               // 声明一个 float 类型的变量并赋整数值
double d=100;              // 声明一个 double 类型的变量并赋整数值
```

接下来讲解一个案例 Example02，求长为 4.3，宽为 3.2 的长方形的周长和面积：

```
package cn.itcast.chapter02;
public class Example02 {
    public static void main(String[] args) {
        double a=4.3;
        double b=3.2;
        double c=2*(a+b);        // 周长
        double s=a*b;            // 面积
        System.out.println(" 周长："+c);
        System.out.println(" 面积："+s);
    }
}
```

运行结果如图 2 - 5 所示。

图 2 - 5　运行结果

3. 字符类型变量

字符类型变量用于存储一个单一字符，在 Java 中用 char 表示。Java 中，每一个 char 类型的字符变量都会占用 2 个字节。因此，它是一个无符号 16 位类型，取值范围是 0 ～ 65535。在给 char 类型的变量赋值时，需要用一堆英文半角格式的单引号 ' ' 把字符括起来，如 'a'，也可以将 char 类型的变量赋值为 0 ～ 65535 范围内的整数，计算机会自动将这些整数转化为多对应的字符，如数值 97 对应的字符为 'a'。下面两行代码可以实现同样的效果。

```
char c='a';              // 为一个 char 类型的变量赋值字符 a
char ch=97;              // 为一个 char 类型的变量赋值整数 97，相当于赋值字符 a
```

说明：双引号则表示一个字串，它是 Java 的一个对象，并不是数据类型；char 类型表示 Unicode 编码方案中的字符。

Unicode 可同时包含 65 536 个字符，ASCII 只包含 255 个字符，实际上是 Unicode 的一个子集。Unicode 字符通常用十六进制编码方案表示，范围在 '\u0000' ～ '\uFFFF' 之间。

4. 布尔类型变量

布尔类型变量用来存储布尔值，在 Java 中用 boolean 表示，该类型的变量只有两个值，即 true 和 false。具体示例如下：

```
boolean flag=false;      // 声明一个 boolean 类型的变量，初始值为 false
flag=true;               // 改变 flag 变量的值为 true
```

说明：单个 boolean 型的变量在内存中占 1/8 个字节，因为 boolean 型变量只有两个值 true 和 false，也就是计算机里面的 0 和 1。

2.2.3 变量的作用域

在前面介绍过，变量需要先定义后使用，但这并不意味着在变量定义之后的语句中一定可以使用该变量。变量需要在它的作用范围内才可以被使用，这个作用范围称为变量的作用域。在程序中，变量一定会被定义在某一对大括号中，该大括号所包含的代码区域便是这个变量的作用域，具体如下：

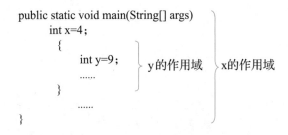

上面的代码中，有两层大括号。其中，外层大括号所标识的代码区域就是变量 x 的作用域，内层大括号所标识的代码区域就是变量 y 的作用域。

2.2.4 变量的类型转换

在程序中，当把一种数据类型的值赋给另一种数据类型的变量时，需要进行数据类型转换。

根据转换方式的不同，数据类型转换可分为两种：自动类型转换和强制类型转换。

1. 自动类型转换

自动类型转换也叫隐式类型转换，指的是两种数据类型在转换的过程中不需要显式地进行声明。它指的是，容量小的数据类型自动转换为容量大的数据类型。数据类型按容量大小排序如图 2-6 所示。

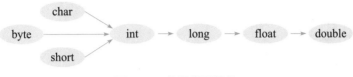

图 2-6 数据类型转换

例如：

```
byte b=3;
int x=b;        // 程序把 byte 类型的变量 b 转换成了 int 类型，无须特殊说明
```

上面的语句中，将 byte 类型的变量 b 的值赋给 int 类型的变量 x，由于 int 类型的取值范围大于 byte 类型的取值范围，编译器在赋值过程中不会造成数据丢失，所以编译器能够自动完成这种转换，在编译时不报告任何错误。

几点说明：

（1）有多种类型的数据混合运算时，系统首先自动将所有数据转换成容量最大的那种数据类型，然后再进行计算。

（2）byte、short、char 之间不会相互转换，三者在计算时首先转换为 int 类型。

（3）boolean 类型不能与其他数据类型运算。

（4）当把任何基本数据类型的值和字符串（String）进行连接运算时（+)，基本数据类型的值将自动转化为字符串（String）类型。

📖 多学一招：字符串类型 String

String 不是基本数据类型，属于引用数据类型，其使用方式与基本数据类型一致。例如：

```
String str="abcd"       // 定义一个 String 类型的字符串变量，并赋值为 "abcd"
```

一个字符串可以串接另一个字符串，也可以直接串接其他类型的数据。例如：

```
String str="xyz";
int n=100;
str=str+n;
```

通过上述例子，我们可以把整数据类型转换成字符串类型：

```
int a=10;
String str=""+a;          // 整数数字 10 转换成了字符串 "10"
```

接下来我们通过一个案例来演示 String 类型与基本数据类型的连接，其实就是将基本类型转换成 String 类型。

```
package cn.itcast.chapter02;
public class Example03 {
    public static void main(String[] args) {
        String str="abc";
        //String 类型和整型 int 连接
        int num=10;
        String str1=str+"xyz"+num;

        //String 类型和字符类型连接
        char c='m';
        String str2=str+c;

        //String 类型和浮点类型连接
        double pi=3.1416;
        String str3=str+ pi;

        //String 类型和布尔类型连接
        boolean b=false;
        String str4=str+b;
        System.out.println("String+int:"+str1);
        System.out.println("String+char:"+str2);
        System.out.println("String+double:"+str3);
        System.out.println("String+boolean:"+str4);
    }
}
```

运行结果如图 2-7 所示。

图 2-7　运行结果

2. 强制类型转换

强制类型转换也称为显式类型转换，指的是两种数据类型之间的转换需要进行显式声明。它是自动类型转换的逆过程，将容量大的数据类型转换为容量小的数据类型，使

用时要加上强制转换符：()，但可能造成精度降低或溢出，格外要注意。先来看例子
Example04：

```
package cn.itcast.chapter02;
public class Example04 {
    public static void main(String[] args) {
        int num=4;
        byte b=num;
        System.out.println(b);
    }
}
```

程序编译报错，结果如图 2-8 所示。

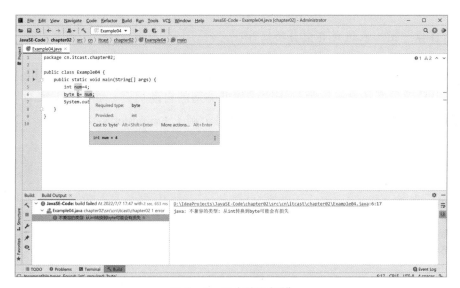

图 2-8　程序编译报错

IntelliJ IDEA 会对源代码自动编译，如果出现了红色波浪线，说明此处代码出现了
编译错误，鼠标光标移到错误上方，会出现一个悬浮框，提示编译错误的原因以及可能
的快速解决方案。

图 2-8 出现了编译错误，提示数据类型不匹配，不能将 int 类型转换成 byte 类型。
出现这样错误的原因是，将一个 int 型的值赋给 byte 类型的变量 b 时，int 类型的取值范
围大于 byte 类型的取值范围，这样的赋值会导致数值溢出，也就是说一个字节的变量无
法存储 4 个字节的整数值。

在这种情况下，就需要进行强制类型转换，要加上强制转换符 ()，具体格式如下：

目标类型 变量名 =（目标类型）值

将 Example04.java 中波浪线位置报错的代码修改为下面的代码：

byte b=(byte)num;

修改后，编译不会报错了，程序运行结果如图 2-9 所示。

图 2-9　程序运行结果

多学一招：表达式类型自动提升

所谓表达式是指由变量和运算符组成的一个算式。变量在表达式中进行运算时，也有可能发生自动类型转换，这就是表达式数据类型的自动提升，如一个 byte 类型的变量在运算期间类型会自动提升为 int 类型，先来看个例子 Example05：

```
package cn.itcast.chapter02;
public class Example05 {
    public static void main(String[] args) {
        byte b1=3;
        byte b2=4;
        byte b3=b1+b2;
        System.out.println("b3="+b3);
    }
}
```

程序编译报错，结果如图 2-10 所示。

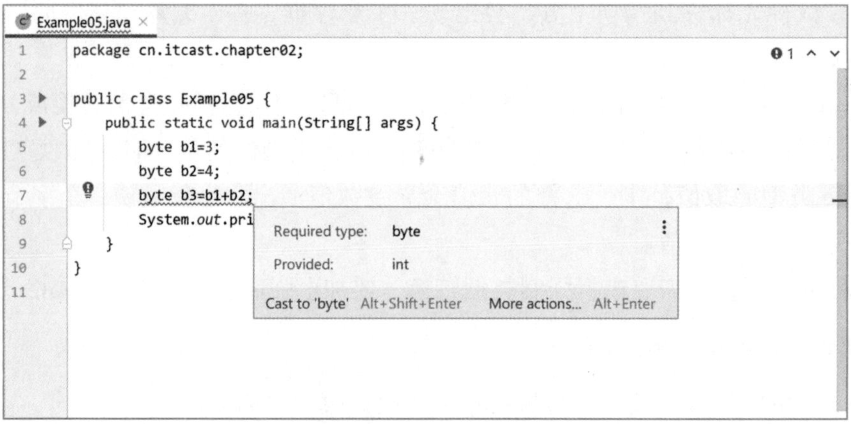

图 2-10　程序编译报错

图 2‑10 中出现错误，这是因为在表达式 b1+b2 运算期间，变量 b1 和变量 b2 都被自动提升为 int 型，表达式的运算结果也就成了 int 型，这时如果将该结果赋值给 byte 类型的变量就会报错，需要进行强制类型转换。

要解决图中的错误，必须要将 Example05 中第五行代码修改为：

byte b3= (byte) (b1+b2);

再次编译后，程序不会报错，运行结果如图 2‑11 所示。

图 2‑11　运行结果

2.3　Java 中的常量

2.3.1　常量概述

常量就是在程序中固定不变的值，是不能改变的数据，一般通过数据直接表示。常量分为整型常量、浮点数常量、字符常量、布尔常量、字符串常量、null 常量。

整型常量、浮点数常量、字符常量、布尔常量是上一小节的 8 种基本数据类型，这里就不再展开阐述了。

字符串常量用于表示一串连续的字符，一个字符串常量要用一对英文半角格式的双引号 " " 引起来。具体示例如下：

"HelloWorld"　"123"　"Welcome \n XXX"

一个字符串可以包含一个字符或者多个字符，也可以不包含任何字符，即长度为零。

null 常量只有一个值 null，表示对象的引用为空。null 常量将会在第三章详细介绍。

接下来以一个案例，来巩固各个类型的常量：

```
package cn.itcast.chapter02;
public class Example06 {
    public static void main(String[] args) {
        // 整数常量
        System.out.println(12);
        System.out.println(-23);

        // 小数常量
        System.out.println(12.34);
```

```
// 字符常量
System.out.println('a');
System.out.println('0');

// 布尔常量
System.out.println(true);
System.out.println(false);

// 字符串常量
System.out.println(" 你好 ");
    }
}
```

运行结果如图 2 – 12 所示。

图 2 – 12   运行结果

2.3.2   常量的定义与输出

1. 常量的定义

常量的定义相比变量的定义多加了一个 final 来修饰。格式如下：

final 数据类型 常量名 = 初始化值

final double PI=3.14;

⏰ 注意：

（1）在定义常量时就需要对该常量进行初始化。

（2）final 关键字不仅可以用来修饰基本类型的常量，还可以用来修饰对象的引用或者方法。

（3）为了与变量区别，常量取名一般都用大写字符。

（4）当常量被设定后，一般情况下不允许再进行更改，如果更改其值将提示错误。例如下面代码第 2 行就会出现错误：

```
final double PI=3.14;
PI=3.15;（×）
```

2. 常量的输出

常量的输出很简单，直接输出常量名即可。格式如下：

```
System.out.println( 常量名 );
```

例如：

```
final double PI=3.14;
System.out.println(PI);
```

2.4 Java 中的运算符

在程序中经常出现一些特殊符号，如 +、-、*、=、> 等，这些特殊符号被称为运算符。运算符用于对数据进行算术、赋值和比较等操作。在 Java 中，运算符可分为算术运算符、赋值运算符、比较运算符、逻辑运算符等。

2.4.1 算术运算符

在数学运算中最常见的就是加减乘除，被称作四则运算。Java 中的算术运算符就是用来处理四则运算的符号，这就是最简单、最常用的运算符号。接下来通过表 2-4 来展示 Java 中的算术运算符及其用法。

表 2-4　算术运算符

运算符	运算	范例	结果
+	正号	+3	3
-	负号	b=4;-b	-4
+	加	5+5	10
-	减	6-4	2
*	乘	3*4	12
/	除	5/5	1
%	取模（取余）	7%5	2
++ ++	自增（前）：先运算后取值 自增（后）：先取值后运算	a=2;b=++a; a=2;b=a++;	a=3;b=3 a=3;b=2
-- --	自减（前）：先运算后取值 自减（后）：先取值后运算	a=2;b=--a a=2;b=a--	a=1;b=1 a=1;b=2
+	字符串连接	"He"+"llo"	"Hello"

算术运算符看上去比较简单，也很容易理解，但在实际使用时还有很多需要注意的问题：

（1）在进行自增（++）和自减（--）的运算时，如果运算符放在操作数的前面则是先进行自增或自减运算，再进行其他运算。反之，如果运算符放在操作数的后面则是先进行其他运算再进行自增或自减运算。

请仔细阅读下面的代码块，思考运行的结果：

```
int a=1;
int b=2;
int x=a+b++;
System.out.println("b="+b);
System.out.println("x="+x);
```

上面的代码块运行结果为：b=3、x=3，具体分析如下：

在上述代码中，定义了 3 个 int 类型的变量 a、b、x。其中，a=1、b=2。当进行"a+b++"运算时，由于运算符 ++ 写在了变量 b 的后面，属于先运算再自增，因此变量 b 在参与加法运算时其值仍然为 2，所以 x 的值应为 3。变量 b 在参与运算之后在进行自增，因此 b 的最终值为 3。

（2）在进行除法运算时，除数和被除数都为整数时，得到的结果也是一个整数。如果除法运算有小数参与，得到的结果会是一个小数。例如，2510/1000 属于整数之间相除，会忽略小数部分，得到的结果是 2，而 2.5/10 的结果为 0.25。

请思考一下下面表达式的结果是多少：

```
3500/1000*1000
```

结果为 3000。由于表达式的执行顺序从左到右，所以先执行除法运算 3500/1000，得到结果为 3，再乘以 1000，得到的结果自然就是 3000 了。

（3）在进行取模（%）运算时，运算结果的正负取决于被模数（% 左边的数）的符号，与模数（% 右边的数）的符号无关。如：（-5）%3=-2，而 5%（-3）=2。

接下来，讲解一个案例 Example07。求一个整数 153 的个位数、十位数和百位数的值：

```
package cn.itcast.chapter02;
public class Example07 {
    public static void main(String[] args) {
        int num=153;
        int bai=num/100;
        int shi=num/10%10;
        int ge=num%10;
        System.out.println(" 该数的百位： "+bai);
        System.out.println(" 该数的十位： "+shi);
        System.out.println(" 该数的个位： "+ge);
    }
}
```

运行结果如图 2 - 13 所示。

图 2 - 13　运行结果

2.4.2　赋值运算符

赋值运算符的作用就是将常量、变量或表达式的值赋给某一个变量，表 2 - 5 中列出了 Java 中的赋值运算符及其用法。

表 2 - 5　赋值运算符

运算符	运算	范例	结果
=	赋值	a=3;b=2;	a=3;b=2;
+=	加等于	a=3;b=2;a+=b;	a=5;b=2;
-=	减等于	a=3;b=2;a-=b;	a=1;b=2;
*=	乘等于	a=3;b=2;a*=b;	a=6;b=2;
/=	除等于	a=3;b=2;a/=b;	a=1;b=2;
%=	模等于	a=3;b=2;a%=b;	a=1;b=2;

在赋值过程中，运算顺序从右往左，将右边表达式的结果赋值给左边的变量。在赋值运算符的使用中，需要注意以下几个问题：

（1）当"="两侧数据类型不一致时，可以使用自动类型转换或强制类型转换原则进行处理。

（2）支持连续赋值，具体事例如下：

```
int x,y,z;
x=y=z=5;              // 为 3 个变量同时赋值
```

在上述代码中，一条赋值语句将变量 x、y、z 的值同时赋值为 5。需要特别注意的是，下面的这种写法在 Java 中是不可以的：

```
int x=y=z=5;
```

（3）在表 2 - 5 中，除了"="，其他的都是特殊的赋值运算符，以"+="为例，x

+= 3 就相当于 x = x + 3，首先会进行加法运算 x+3，再将运算结果赋值给变量 x。-=、
*=、/=、%= 赋值运算符都可依此类推。

多学一招：赋值运行结果

赋值运行结果

2.4.3 比较运算符

比较运算符用于对两个数值或变量进行比较，其结果是一个布尔值，即 true 或
false。接下来通过表 2 - 6 来展示 Java 中的比较运算符及其用法。

表 2 - 6　比较运算符

运算符	运算	范例	结果
==	相等于	4==3	false
!=	不等于	4!=3	true
<	小于	4<3	false
>	大于	4>3	true
<=	小于等于	4<=3	false
>=	大于等于	4>=3	true

值得注意的是，比较运算符的"=="不能误写成"="。

2.4.4 逻辑运算符

逻辑运算符用于对布尔型的数据进行操作，其结果仍是一个布尔型。接下来通过
表 2 - 7 来展示 Java 中的逻辑运算符及其用法。

表 2 - 7　逻辑运算符

运算符	运算	范例	结果
&	与	true&true	true
		true&false	false
		false&false	false
		false&true	false
|	或	true|true	true
		true|false	true
		false |false	false
		false|true	true

续表

运算符	运算	范例	结果
^	异或	true ^ true	false
		true ^ false	true
		false ^ false	false
		false ^ true	true
!	非	!true	false
		!false	true
&&	短路与	true&&true	true
		true&&false	false
		false&&false	false
		false&&true	false
||	短路或	true||true	true
		true||false	true
		false ||false	false
		false||true	true

逻辑运算符几点注意：

（1）逻辑运算符用于连接布尔型表达式，在 Java 中不可以写成 3<x<6，应该写成 x>3 & x<6。

（2）"&" 和 "&&" 的区别：

1）单 & 时，左边无论真假，右边都进行运算。

2）双 & 时，如果左边为真，右边参与运算；如果左边为假，那么右边不参与运算。

接下来通过 Example09 来深入了解一下两者的区别：

```java
package cn.itcast.chapter02;
public class Example09 {
    public static void main(String[] args) {
        // 单 &
        boolean b1=false;
        int num1=10;
        if(b1&(num1++>0)){
            System.out.println(" 我现在在南京 ");
        }
        else{
            System.out.println(" 我现在在徐州 ");
        }
        System.out.println("num1="+num1);
```

```
            System.out.println("------------");

            // 双 &
            boolean b2=false;
            int num2=10;
            if(b2&&(num2++>0)){
                System.out.println(" 我现在在南京 ");
            }
            else{
                System.out.println(" 我现在在徐州 ");
            }
            System.out.println("num2="+num2);
        }
    }
```

运行结果如图 2 - 14 所示。

图 2 - 14 运行结果

通过 Example09 可以看出，& 和 && 的运算结果相同，但是当左边为 flase 时，& 的
num1++ 运算了，而双 && 的不执行 num2++。所以 num1 的结果变为 11，num2 的结果不变。

（3）"|" 和 "||" 的区别同理，|| 表示：当左边为真，右边不参与运算。

（4）异或 "^" 与或 "|" 的不同之处是：当左右都为 true 时，结果为 false。异或，
追求的是 "异"。

2.4.5 运算符的优先级

运算符有不同的优先级，所谓优先级就是表达式运算中的运算顺序。接下来通过
表 2 - 8 来展示 Java 运算符的优先级，数字越小，优先级越高。

表 2 - 8 运算符的优先级

优先级	运算符
1	[] ()
2	++ -- ~ !（数据类型）

续表

优先级	运算符
3	* / %
4	+ -
5	<< >> >>>
6	< ><= >=
7	== !=
8	&
9	^
10	|
11	&&
12	||
13	?:
14	= *= /= %= += -= <<= >>= >>>= &= ^= |=

表 2-8 中的运算符优先级很多，都记住没有必要。大家只需要记住，凡是想早运算的，就加个 () 就可以了。还有就是，程序员开发代码，如果把很多复杂的运算符用一行代码实现，这样程序的可读性也很差。

2.5 键盘录入 Scanner

键盘录入运行结果参考二维码显示。

键盘录入运行
结果

2.6 选择结构语句

前面小节所讲述的代码都是顺序结构语句。顺序结构语句是最简单、最基本的流程控制语句，没有特定的语法结构，按照代码的先后顺序依次执行，中间没有任何判断和跳转，程序中大多数的代码都是这样执行的。本小节我们学习另一种流程控制语句——选择结构语句。

在实际生活中经常需要做出一些判断，比如开车来到一个十字路口，这时需要对红绿灯进行判断，如果前面是红灯，就停车等候；如果是绿灯就通行。Java 中有一种特殊的选择结构语句，它也需要对一些条件做出判断，从而决定执行哪一段代码。选择结构语句分为 if 条件语句和 switch 条件语句。

2.6.1 if 条件语句

if 条件语句分为 3 种语法格式，每一种格式都有其自身的特点，下面分别进行介绍。

1. if 语句

if 语句是指如果满足某种条件，就进行某种处理，其语法格式如下：

```
if ( 条件表达式 ){
    代码块
}
```

这里要说明一下，条件表达式的结果只有 true 和 false 两种。

执行流程：首先判断条件表达式结果是 true 还是 false，如果是 true 就执行代码块，如果是 false 就不执行代码块。if 语句流程图如图 2 – 15 所示。

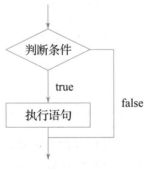

图 2 – 15　if 语句流程图

例如，小明妈妈对小明说："如果你考试得了 100 分，星期天就带你去游乐场玩。"这句话可以通过下面的一段为代码来描述：

```
if ( 小明得了 100 分 ){
    妈妈星期天带小明去游乐场
}
```

接下来我们写一个案例 Example12，实现上述的举例：

```java
package cn.itcast.chapter02;
import java.util.Scanner;
public class Example12 {
    public static void main(String[] args) {
        System.out.println(" 语句开始 ");
        double grade;
        Scanner sc=new Scanner(System.in);
        System.out.println(" 请输入小明考试得分，(0-100)：");
        grade=sc.nextDouble();
        if(grade==100){
            System.out.println(" 妈妈带小明去游乐场 ");
        }
        System.out.println(" 语句结束 ");
    }
}
```

Java 编程基础

当键盘录入 100 分时，运行结果如图 2 - 16 所示。

图 2 - 16　运行结果

当键盘录入 90.8 时，运行结果如图 2 - 17 所示。

图 2 - 17　运行结果

从图 2 - 17 可以看出，如果不是考 100 分，就不执行"妈妈带小明去游乐场"这个代码块。

2. if...else 语句

if...else 语句是指如果满足某种条件，就进行某种处理，否则就进行另一种处理。其语法格式如下：

```
if( 判断条件 ){
    执行语句体 1
}else{
    执行语句体 2
}
```

⏰ 注意：

上述格式的判断条件的结果是一个布尔值，true 或者 false。

执行流程：首先，看判读条件的结果是 true 还是 false，如果是 true 就执行语句体 1，否则就执行语句体 2。if...else 语句流程图如图 2 - 18 所示。

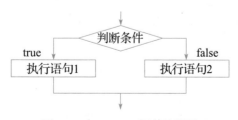

图 2 - 18　if...else 语句流程图

接下来通过一个案例 Example13 来实现判断奇偶数的程序：

```
package cn.itcast.chapter02;
import java.util.Scanner;
public class Example13 {
    public static void main(String[] args) {
        Scanner sc=new Scanner(System.in);
        System.out.println(" 请输入一个整数： ");
        int num=sc.nextInt();
        if(num%2==0){
            System.out.println(" 该数是偶数 ");
        }
        else{
            System.out.println(" 该数是奇数 ");
        }
    }
}
```

运行结果如图 2 - 19 所示。

图 2 - 19　运行结果

在 Example13 中，键盘录入 num 的值为 19，与 2 取模的结果为 1，不等于 0，判断条件不成立，因此会执行 else 后面的 {} 语句，打印"该数是奇数"。

我们学习一个有趣的案例 Example14，键盘录入一个数，判断这个数是不是水仙花数（水仙花数是一个三位数，当一个数等于它的个位的三次方加上十位的三次方加上百位的三次方，那么这个数就是水仙花数，如 $153=1^3+5^3+3^3$ ）。

```
package cn.itcast.chapter02;
import java.util.Scanner;
public class Example14 {
    public static void main(String[] args) {
        Scanner sc=new Scanner(System.in);
        System.out.println(" 请输入一个三位数： ");
        int num=sc.nextInt();
        int ge=num%10;
        int shi=num/10%10;
        int bai=num/100;
        if(num==Math.pow(bai,3)+Math.pow(shi,3)+Math.pow(ge,3)){
            System.out.println(num+" 是水仙花数 ");
```

```
        }
        else{
            System.out.println(num+" 不是水仙花数 ");
        }
    }
}
```

输入 153 时，运行结果如图 2 - 20 所示。

图 2 - 20 运行结果

输入 154 时，运行结果如图 2 - 21 所示。

图 2 - 21 运行结果

那么你还知道其他水仙花数吗，怎么得到呢？本书会在 2.7.3 小节的 Example28 中讲到，感兴趣的同学提前翻阅一下吧。

我们再来学习一个案例 Example15，键盘录入两个整数，求两个数的较大者：

```java
package cn.itcast.chapter02;
import java.util.Scanner;
public class Example15 {
    public static void main(String[] args) {
        Scanner sc=new Scanner(System.in);
        System.out.println(" 请输入第一个整数： ");
        int x=sc.nextInt();
        System.out.println(" 请输入第二个整数： ");
        int y=sc.nextInt();
        int max;
        if (x>y){
            max=x;
        }
        else{
            max=y;
        }
```

```
        System.out.println(" 较大数为： "+max);
    }
}
```

运行结果如图 2 - 22 所示。

图 2 - 22　运行结果

多学一招：三元运算

三元运算

3. if...else if...else 语句

前面已经讲解了两种 if 语句的形式。第一种 if 语句格式适合一种
情况的判断，第二种 if 语句格式适合两种情况的判断。然而在实际开发
中，可能会有多种情况的判断，所以我们要学习 if 语句的格式 3，其语
法格式如下：

```
if( 判断条件 1){
    执行语句 1
}
else if( 判断条件 2){
    执行语句 2
}
...
else if( 判断条件 n){
    执行语句 n
}
else{
    执行语句 n+1
}
```

上述格式中，判断条件是个布尔值。当判断条件 1 为 true 时，if 后面 {} 中的执行语
句 1 会执行。当判断条件 1 为 false 时，就继续判断条件 2，看其结果是 true 还是 false；
如果是 true 就执行语句 2，如果是 false 就继续判断条件 3，看其结果是 true 还是 false，
以此类推。

如果没有任何判断条件为 true，就执行语句 n+1。if...else if...else 语句流程图如
图 2 - 23 所示。

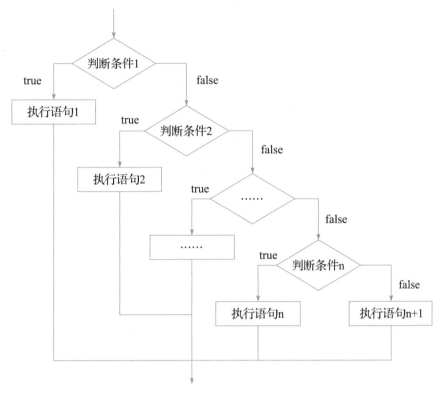

图 2－23　if...else if...else 语句流程图

接下来通过一个案例来实现以下数学运算：

$$y = \begin{cases} 2x+1 & x \geqslant 3 \\ 2x & -1 \leqslant x < 3 \\ 2x-1 & x < -1 \end{cases}$$

```java
package cn.itcast.chapter02;
import java.util.Scanner;
public class Example18 {
    public static void main(String[] args) {
        Scanner sc=new Scanner(System.in);
        System.out.println(" 请输入 x 的值： ");
        int x=sc.nextInt();
        int y;
        if(x>=3) {
            y=2*x+1;
        }
        else if(x>=-1&&x<3){
            y=2*x;
        }
        else{
            y=2*x-1;
        }
```

```
        System.out.println("y="+y);
    }
}
```

运行结果如图 2 - 24 所示。

```
Run:        Example18 ×                                                                                  ⚙ —
▶   ↑    D:\develop\Java\jdk1.8.0_202\bin\java.exe ...
🔧  ↓    请输入x的值:
         -3
    ⊐    y=-7
📷
⛏       Process finished with exit code 0
»
▶ Run    ⊞ TODO    ⊘ Problems    🐞 Debug    ▣ Terminal    ⚒ Build                              ① Event Log
```

图 2 - 24　运行结果

接下来我们再通过一个案例 Example19 实现对学生 Java 考试成绩的划分：

学生 Java 考试
成绩的划分

```
package cn.itcast.chapter02;
import java.util.Scanner;
public class Example19 {
    public static void main(String[] args) {
        Scanner sc=new Scanner(System.in);
        System.out.println(" 请输入 Java 考试成绩 ");
        double grade=sc.nextDouble();
        if(grade<0||grade>100){
            System.out.println(" 你输入的成绩有误 ");
            return;
        }
        if (grade>=90) {
            System.out.println(" 优 ");
        }
        else if(grade>=80){
            // 不满足条件 grade>90，但满足条件 grade>=80
            System.out.println(" 良 ");
        }
        else if(grade>=70){
            // 不满足条件 grade>90，不满足条件 grade>=80，但满足条件 grade>=70
            System.out.println(" 中 ");
        }
        else if (grade>=60){
            // 不满足条件 grade>90，不满足条件 grade>=80，
            // 不满足条件 grade>=70，但但满足条件 grade>=60
            System.out.println(" 及格 ");
        }
        else{
            // 以上条件都不满足
            System.out.println(" 不及格 ");
        }
```

```
        }
    }
```

当输入 86.7 时，运行结果如图 2 – 25 所示。

图 2 – 25   运行结果 1

当输入 110 时，运行结果如图 2 – 26 所示。

图 2 – 26   运行结果 2

说明一下：这里 return 用于结束它所在的方法，即 main 方法。结束 main 方法就代表程序结束了。

2.6.2   switch 条件语句

switch 条件语句也是一种很常用的选择语句，和 if 条件语句不同，它只能针对某个表达式的值做出判断，从而决定程序执行哪一段代码。例如，在程序中使用数字 1 ～ 7 来表示星期一到星期天，如果想根据某个输入的数字来输出对应中文格式的星期值，可以通过下面的一段伪代码来描述：

```
用于表示星期的数字
    如果等于 1，则输出星期一
    如果等于 2，则输出星期二
    如果等于 3，则输出星期三
    如果等于 4，则输出星期四
    如果等于 5，则输出星期五
    如果等于 6，则输出星期六
    如果等于 7，则输出星期天
```

对于上面一段伪代码的描述，大家可能会立刻想到用刚学习过的 if...else if...else 语句来实现，但是由于判断条件比较多，实现起来代码过长，不便于阅读。Java 中提供了一种 switch 语句来实现这种需求。在 switch 语句中使用 switch 关键字来描述一个表达式，使用 case 关键字来描述和表达式结果比较的目标值，当表达式的值和某个目标值匹配时，会执行对应 case 下的语句。switch 代码格式如下：

```
switch( 表达式 ){
   case 目标值 1：
      执行语句 1
      break;
   case 目标值 2：
      执行语句 2
      break;
   ......
   case 目标值 n：
      执行语句 n
      break;
   default：
      执行语句 n+1
      break;
}
```

在上面的格式中，switch 语句将表达式的值与每个 case 中的目标值进行匹配，如果找到了匹配值，会执行对应 case 后的语句；如果没找到任何匹配的值，就会执行 default 后的语句。switch 语句中的 break 关键字在后面的小节中做具体介绍，此处，初学者只需要知道 break 的作用是跳出 switch 语句即可。

需要注意的是，在 JDK5.0 之前，switch 语句中表达式只能是 byte、short、char、int 类型的值，如果传入其他类型的值，程序会报错。在 JDK5.0 中，引入新特性 enum 枚举可以作为 switch 语句的表达式的值。在 JDK7.0 中也引入了新特性，switch 语句可以接收一个 String 类型的值。

switch 语句流程图如图 2－27 所示。

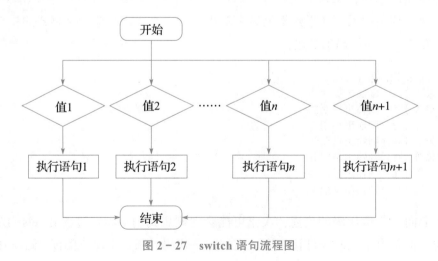

图 2－27　switch 语句流程图

通过上述 switch 代码格式，我们对刚刚星期的伪代码进行进一步的改进，具体实现代码如下：

```
switch( 用于表示星期的数字 ){
    case 1:
        输出星期一;
        break;
    case 2:
        输出星期二;
        break;
    case 3:
        输出星期三;
        break;
    case 4:
        输出星期四;
        break;
    case 5:
        输出星期五;
        break;
    case 6:
        输出星期六;
        break;
    case 7:
        输出星期天;
        break;
    default:
        输出数字不合理;
        break;
}
```

现在演示一个案例 Example20 实现上述伪代码：

```
package cn.itcast.chapter02;
import java.util.Scanner;
public class Example20 {
    public static void main(String[] args) {
        Scanner sc=new Scanner(System.in);
        System.out.println(" 请输入一个整数（ 1 ～ 7 ）: ");
        int week=sc.nextInt();
        switch(week){
            case 1:
                System.out.println(" 星期一 ");
                break;
            case 2:
                System.out.println(" 星期二 ");
                break;
            case 3:
                System.out.println(" 星期三 ");
                break;
```

```
        case 4:
            System.out.println(" 星期四 ");
            break;
        case 5:
            System.out.println(" 星期五 ");
            break;
        case 6:
            System.out.println(" 星期六 ");
            break;
        case 7:
            System.out.println(" 星期日 ");
            break;
        default:
            System.out.println(" 输入的数字不正确 ");
            break;
        }
    }
}
```

当输入 5 时，运行结果如图 2-28 所示。

图 2-28　运行结果

当输入 8 时，运行结果如图 2-29 所示。

图 2-29　运行结果

　　在使用 switch 语句的过程中，如果多个 case 条件后面的执行语句是一样的，则该执行语句只需书写一次即可，这是依据简写的方式。换言之，case 条件之后没有遇到 break 语句，会继续执行，并不会终止 switch 语句。例如，要判断一周中的某一天是否为工作日，同样使用数字 1 ～ 7 来表示星期一到星期天，当输入数字为 1、2、3、4、5 时就视为工作日，否则就视为休息日。接下来通过案例 Example21 来实现上面描述的情况：

```
package cn.itcast.chapter02;
```

```
import java.util.Scanner;
public class Example21 {
    public static void main(String[] args) {
        Scanner sc=new Scanner(System.in);
        System.out.println(" 请输入一个整数（1-7）: ");
        int week=sc.nextInt();
        switch(week) {
            case 1:
            case 2:
            case 3:
            case 4:
            case 5:
            // 当 week 满足值 1、2、3、4、5 中任意一个时，处理方式相同
                System.out.println(" 今天是工作日 ");
                break;
            case 6:
            case 7:
            // 当 week 满足值 6、7 中任意一个时，处理方式相同
            System.out.println(" 今天是休息日 ");
            break;
        default:
            System.out.println(" 输入的数字不正确 ");
            break;
        }
    }
}
```

运行结果如图 2 - 30 所示。

图 2 - 30　运行结果

上文提到过，JDK 7.0 之后，swith 语句可以接收一个 String 类型的值。
下面通过一个案例来学习 swith 语句中如何匹配字符串的值。

```
package cn.itcast.chapter02;
import java.util.Scanner;
public class Example22 {
    public static void main(String[] args) {
        Scanner sc=new Scanner(System.in);
        System.out.println(" 请输入季节（英文）: ");
        String season=sc.next();
        switch (season){
```

```
        case "spring":
            System.out.println(" 春暖花开 ");
            break;
        case "summer":
            System.out.println(" 夏日炎炎 ");
            break;
        case "autumn":
            System.out.println(" 秋高气爽 ");
            break;
        case "winter":
            System.out.println(" 冬雪皑皑 ");
            break;
        default:
            System.out.println(" 季节输入有误 ");
        }
    }
}
```

运行结果如图 2 - 31 所示。

图 2 - 31   运行结果

此处，总结一下 switch 语句的使用有关规则：

（1）switch（表达式）中表达式的值必须是下述几种类型之一：byte、short、char、int、枚举 (JDK 5.0)、String (JDK 7.0)。

（2）case 子句中的值必须是常量，不能是变量名或不确定的表达式值。

（3）同一个 switch 语句，所有 case 子句中的常量值互不相同。

（4）break 语句用来在执行完一个 case 分支后使程序跳出 switch 语句块；如果没有 break，程序会顺序执行到 switch 结尾。

（5）default 子句是可任选的，同时，位置也是灵活的。当没有匹配的 case 时，执行 default。

2.7　循环结构语句

在实际生活中经常会将同一件事情重复做很多次。比如在做眼保健操的第四节轮刮眼眶时，会重复刮眼眶的动作；打乒乓球时，会重复挥拍的动作等。在 Java 中有一种特殊的语句叫作循环语句，它可以实现将一段代码重复执行，例如循环打印 100 位学生的考试成绩。循环语句分为 while 循环语句、do...while 循环语句和 for 循环语句 3 种。循环语句有四个组成部分：初始化部分、循环条件部分、循环体部分、迭代部分。接下来针对这 3 种循环语句分别进行详细讲解。

2.7.1　while 循环语句

while 循环语句和 2.6 节讲到的 if 条件语句有些相似，都是根据条件判断来决定是否执行大括号的执行语句。区别在于，while 语句会反复地进行条件判断，只要条件成立，{} 内的执行语句就会执行，直到条件不成立，while 循环结束。while 循环语句格式如下：

```
while（循环条件）{
    执行语句；
}
```

在上面的语法结构中，{} 中的执行语句被称为循环体，循环体是否执行取决于循环条件。当循环条件为 true 时，循环体就会执行。循环体执行完毕时会继续判断循环条件，如果条件仍为 true 则会继续执行，直到循环条件为 false，整个循环过程才会结束。

while 语法扩展格式如下：

```
① 初始化部分
while（② 循环条件部分）{
    ③ 循环体部分
    ④ 迭代部分
}
```

执行过程：① - ② - ③ - ④ - ② - ③ - ④ - ② - ③ - ④ -...- ②。

⏰ 注意：

（1）循环条件部分的结果只有 true 和 false。

（2）不要忘记声明迭代部分，否则，循环将不能结束，变成死循环。

---

while 循环体的执行流程如图 2 - 32 所示。

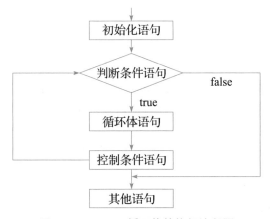

图 2 - 32　while 循环体的执行流程图

通过一个案例 Example23 求 1 ～ 100 之和：

求 1 ～ 100 之和

```java
package cn.itcast.chapter02;
public class Example23 {
    public static void main(String[] args) {
        int i=1;
        int sum=0;
        while (i<=100){
            sum=sum+i;
            i++;
        }
        System.out.println("sum="+sum);
    }
}
```

运行结果如图 2 - 33 所示。

图 2 - 33　运行结果

在上述案例中，初始条件 i 为 1，在满足循环条件 i<=100 的情况下，循环体会重复执行，实现累加。因此，sum 的结果为 1+2+3+...+100。值得注意的是，这里如果缺少迭代部分 i++，整个循环会进入无限循环的状态，永远不会结束。

2.7.2　do...while 语句

do...while 循环语句和 while 循环语句功能类似，其语法结构如下：

```
do{
    执行语句;
} while（循环条件）;
```

在上面的语法结构中，关键字 do 后面 {} 中的执行语句的循环体。do...while 循环语句将循环条件放在了循环体的后面。这也就意味着，循环体会无条件执行一次，然后根据循环条件来决定是否继续执行。其扩展语法格式如下：

```
① 初始化部分
do{
    ③ 循环体部分;
    ④ 迭代部分
}while（② 循环条件部分）;
```

执行过程：① - ③ - ④ - ② - ③ - ④ - ② - ③ - ④ -... ②。

do...while 语句流程图如图 2－34 所示。

初始化语句
循环体语句
控制条件语句
判断条件语句
true
false
其他语句

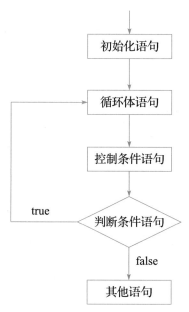

图 2－34　do...while 语句流程图

接下来使用 do...while 语句书写案例 Example24，将 Example23 案例改写一下：

```
package cn.itcast.chapter02;
public class Example24 {
   public static void main(String[] args) {
      int i=1;
      int sum=0;
      do {
         sum=sum+i;
         i++;
      } while (i<=100);
      System.out.println("sum="+sum);
   }
}
```

运行结果如图 2－35 所示。

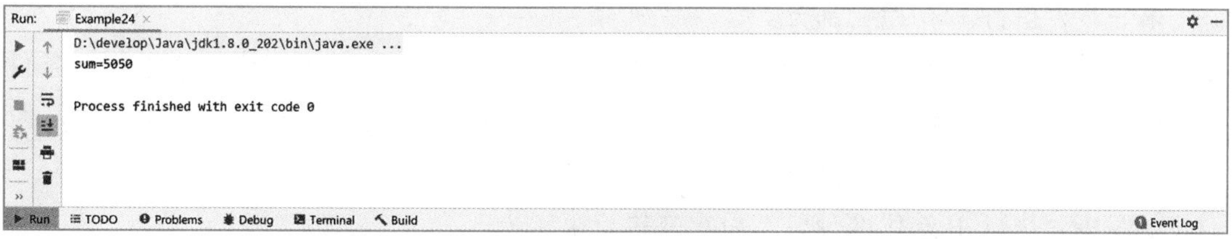

Run:
Example24
D:\develop\Java\jdk1.8.0_202\bin\java.exe ...
sum=5050
Process finished with exit code 0
Run
TODO
Problems
Debug
Terminal
Build
Event Log

图 2－35　运行结果

Example23 和 Example24 的运行结果是一样的，这就说明 do...while 循环和 while 循环能实现同样的功能。然而，这两种语句还是有差别的。当把初始值 i 设置为 101 时，就不满足循环条件 i<=100，运行结果不同，如图 2 - 36 和图 2 - 37 所示。

图 2 - 36　i=101 时 while 语句运行结果

图 2 - 37　i=101 时 do...while 语句运行结果

当 i=101 时，对于 while 语句是先判断后执行，当不满足循环条件 i<=100，循环体不执行，sum 的结果为 0。对于 do...while 语句是先执行后判断，无论循环条件满不满足，都要执行一次循环体，sum 的结果为 101。

说明：当第一次循环条件满足时，两个语句的运行结果一致；但是当第一次循环条件不满足时，两者的运行结果不一致。

2.7.3　for 语句

for 循环语句是最常用的循环语句，一般用在循环次数已知的情况下。for 循环语句的语法格式如下：

```
for ( ① 初始化部分；② 循环条件部分；④ 迭代部分 ){
    ③ 循环体部分；
}
```

执行流程具体如下：

第一步，执行① 初始化部分。

第二步，执行② 循环条件部分，如果判断结果为 true，执行第三步，如果判断条件为 false，执行第五步。

第三步，执行③ 循环体部分。

第四步，执行④ 迭代部分，然后重复执行第二步。

第五步，退出循环。

简言之：① - ② - ③ - ④ - ② - ③ - ④ - ② - ③ - ④ -.....- ②。

for 语句的一般格式为：

```
for ( 初始表达式；条件表达式；迭代表达式 ) {
    循环体
}
```

接下来用 for 语句编写案例 Example25 实现 1 ～ 100 累加：

```
package cn.itcast.chapter02;
public class Example25 {
    public static void main(String[] args) {
        int sum=0;
        for (int i=1;i<=100;i++){
            sum+=i;
        }
        System.out.println("sum="+sum);
    }
}
```

运行结果如图 2 - 38 所示。

图 2 - 38　运行结果

在 Example25 中，变量 i 的初始值为 1，在判断条件 i<=100 为 true 的情况下，会执行循环体 sum+=i，执行完毕后，会执行操作表达式 i++，i 的值变为 2，然后继续进行条件判断，开始下一次循环，直到 i=101 时，条件 i<=100 为 false，结束循环，执行 for 循环后面的代码，打印"sum=5050"。

如果是求 100 ～ 300 之间的奇数之和呢？我们来看一下变化，初始条件 i= 100，循环条件 i<300。对于奇数之和，我们增加一条判断奇数的 if 语句就可以。案例 Example26 如下所示：

```
package cn.itcast.chapter02;
public class Example26 {
    public static void main(String[] args) {
        int sum=0;
        for (int i=100;i<=300;i++) {
            if (i%2!=0){
```

```
            sum=sum+i;
        }
    }
    System.out.println("sum="+sum);
    }
}
```

运行结果如图 2 - 39 所示。

图 2 - 39　运行结果

其实求 101+103+…299 之和，初始值设置为 101，迭代部分不再是 i++ 了，而是 i+=2 了，每一次步长为 2，也可以实现上述问题，如案例 Example27 所示：

```
package cn.itcast.chapter02;
public class Example27 {
    public static void main(String[] args) {
        int sum=0;
        for (int i=101;i<=300;i+=2) {
            sum=sum+i;
        }
        System.out.println("sum="+sum);
    }
}
```

运行结果如图 2 - 40 所示。

图 2 - 40　运行结果

我们在 2.6.1 讲解到判断一个数是否是水仙花数，那么现在编写一个案例，求所有的水仙花数。首先水仙花三位数，因此初始值为 100，条件为小于等于 999，其次，求出每个数的个、十、百位，最后判断输出就可以了，如案例 Example28 所示：

输出水仙花数

```
package cn.itcast.chapter02;
```

```java
public class Example28 {
    public static void main(String[] args) {
        int ge,shi,bai;
        System.out.println(" 水仙花： ");
        for (int num = 100; num <= 999; num++){
            bai=num/100;
            shi=num/10%10;
            ge=num%10;
            if(num==Math.pow(bai,3)+Math.pow(shi,3)+Math.pow(ge,3)){
                System.out.print(num+" ");
            }
        }
    }
}
```

运行结果如图 2 - 41 所示。

图 2 - 41 运行结果

这里要说明一下输出语句 System.out.print()，没有 ln 表示不换行。

2.7.4 嵌套循环

嵌套循环是指在一个循环语句的循环体中再定义一个循环语句的语法结构，换言之，就是将一个循环放在另一个循环体内，就形成了嵌套循环。while、do...while、for 循环语句都可以进行嵌套，并且它们之间也可以互相嵌套，如最常见的在 for 循环中嵌套 for 循环，格式如下：

```java
for( 初始化部分；循环条件部分；迭代部分 ){
    …
    for( 初始化部分；循环条件部分；迭代部分 ){
        执行语句…
        …
    }
}
```

接下来通过一个案例 Example29 来实现使用 "*" 打印直角三角形：

```java
package cn.itcast.chapter02;
public class Example29 {
    public static void main(String[] args) {
        int i,j;
```

```
        for(i=1;i<=7;i++){
            for (j=1;j<=i;j++){
                System.out.print("*");
            }
            System.out.println(); // 换行
        }
    }
}
```

运行结果如图 2 - 42 所示。

图 2 - 42　运行结果

在 Example29 中定义了两层 for 循环，分别为外层循环和内层循环，外层循环 i 用于控制打印的行数，内层循环 j 用于控制打印"*"的个数。

（1）当 i 等于 1 时，表示第一行，先判断 i<=7 为 true。则进入内循环 j，j 的初始值为 1，条件为 j<=i，为 true，则打印一个"*"，然后 j++，此时 j=2，已经不满足条件 j<=i，则跳出内循环 j，然后执行换行语句。

（2）此时，进行 i++，i=2，然后判断 i<=7 为 true，然后进入内循环 j，j 的初始值为 1，条件为 j<=i，为 true，则打印一个"*"，然后 j++，此时 j=2，仍然满足条件 j<=i，再次打印一个"*"。再次 j++，j=3，这时已经不满足条件 j<=i，则跳出内循环 j，然后后执行换行语句。

i=3...7 依次进行下去，当 i=8 时，外循环结束。

简言之，第一趟 i=1，j 从 1 ～ 1 循环，打印一个"*"；i=2，j 从 1 ～ 2 循环，打印两个"**"；第三趟 i=3，j 从 1 ～ 3 循环，打印"***"等等。

由此可以看出，外层循环一趟，内层循环就要完成一遍。相当于整个内循环跑完一遍，才进行外层循环的一趟。那么假设外层循环次数为 m 次，内层为 n 次，则内层循环体实际上需要执行 m*n 次。

打印 7 行星号组成的等腰三角形

那么如何打印一个 7 行的等腰三角形呢？如案例 Example30 所示：

```
package cn.itcast.chapter02;
public class Example30 {
    public static void main(String[] args) {
```

```
int i,j,k;
for(i=1;i<=7;i++){
    for(j=1;j<=7-i;j++){
        System.out.print(" ");
    }
    for(k=1;k<=2*i-1;k++){
        System.out.print("*");
    }
    System.out.println();
}
}
```

运行结果如图 2 - 43 所示。

图 2 - 43　运行结果

在 Example30 这个案例中，i 控制行，j 控制空格的数量，k 控制 "*" 的数量。它们之间的关系见表 2 - 9。

表 2 - 9　i、j、k 间关系

i	j	k
1	6	1
2	5	3
3	4	5
4	3	7
5	2	9
6	1	11
7	0	13

由表 2 - 9 可以看出，当 i=1，空 6 格，打印 "*"，依次类推。可以得出 j=7-i，k=2i-1；所以 Example30 中 j<=7-i，k<=2i-1。

2.7.5　跳转语句（break、continue）

当我们想要循环在某一步的时候结束或者跳过某些数据不要，没有办法解决时，Java 提供了跳转语句 break 语句和 continue 语句来实现控制语句的中断和跳转。

1. break 语句

在 switch 语句和循环语句中都可以使用 break 语句。当它出现在 switch 条件语句中时，作用是终止某个 case 并跳出 switch 结构。当它出现在循环语句中，作用是跳出循环语句，执行后面的代码。

7 天跑步计划
（break 关键字）

接下来通过一个有趣的案例 Example31 讲解一下。小明给自己设定了一个跑步计划，每天进行跑步，跑后拉伸，结果到第三天感觉身体不妙，结束了跑步：

```java
package cn.itcast.chapter02;
public class Example31 {
    public static void main(String[] args) {
        for (int i=1;i<=7;i++){
            System.out.println(" 第 "+i+" 天跑步 ");
            if(i==3){
                System.out.println(" 身体不妙，回家休息 ");
                break;
            }
            System.out.println(" 第 "+i+" 天跑后拉伸 ");
        }// 执行 break 后，直接跳到了这儿。
    }
}
```

运行结果如图 2 – 44 所示。

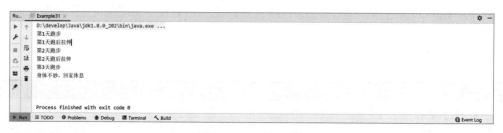

图 2 – 44　运行结果

由图 2 – 44 所示的运行结果可以看出，break 语句之后，for 循环结束。如果 break 语句出现在嵌套语句中，记住一点就够了，break 语句只能跳出当前它所在的循环，如果有标签，就根据跳到标签所在处：

```
lable1：{……
lable2：{……
lable3：   { ……
              break labole2;
              …….
           }
        }
    }
```

2. continue 语句

continue 语句只能用于循环语句中，用来结束本次循环，跳过循环体中下面尚未执行的语句，接着进行条件表达式的判断，以决定是否继续下一次的循环。

接下来将案例 Example31 中的 break 改写 continue，如 Example32 所示：

7 天跑步计划
（continue 关键字）

```java
package cn.itcast.chapter02;
public class Example32 {
    public static void main(String[] args) {
        for (int i=1;i<=7;i++){
            System.out.println(" 第 "+i+" 天跑步 ");
            if(i==3){
                System.out.println(" 身体不妙，回家休息 ");
                continue;
            }
            System.out.println(" 第 "+i+" 天跑后拉伸 ");
        }
    }
}
```

运行结果如图 2 - 45 所示。

图 2 - 45　运行结果

从图 2 - 45 的运行结果我们看到，第三天跑步，身体不妙，回家休息，就不再进行跑后拉伸了。但是第四、五、六、七天依然进行跑步和跑后拉伸，即 continue 语句只是结束了第 3 天后续的内容，并没有结束整个循环。

我们在 2.7.3 小节，编写过 100 ~ 300 奇数之和的案例，现在就用 continue 关键字重写这个案例：

```java
package cn.itcast.chapter02;
public class Example33 {
    public static void main(String[] args) {
        int sum=0;
        for(int i=100;i<=300;i++){
            if(i%2==0)
```

```
            continue;
        sum+=i;
    }
    System.out.println("sum="+sum);
    }
}
```

运行结果如图 2 - 46 所示。

图 2 - 46　运行结果

在 Example33 中，使用 for 循环让变量 i 的值在 100 ～ 300 循环。在循环过程中，当 i 的值为偶数时，将执行 continue 语句结束本次循环，进入下一次循环；当 i 的值为奇数时，sum 和 i 进行累加，最终得到 100 ～ 300 所有奇数的和，打印"sum=20000"。

任务 2-1　猜数字游戏

任务介绍

1. 任务描述

编写一个猜数字游戏的程序，这个游戏就是"你出个数字，我来猜"。程序后台会预先生成一个 1 ～ 100 的随机数，用户键盘录入一个所猜的数字，如果输入的数字和后台预先生成的数字相同，则表示猜对了，这时，程序会输出"恭喜您，猜对了"；如果不相同，则比较输入的数字和后台预先生成的数字的大小，如果大了，输出"sorry，您猜大了"；如果小了，输出"sorry，您猜小了"；如果一直猜错，则游戏一直继续，直到数字猜对为止。

2. 运行结果

任务结果如图 2 - 47 所示。

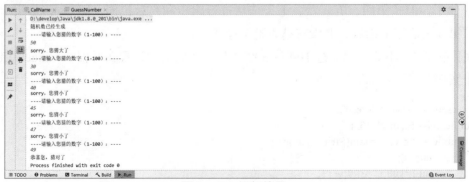

图 2 - 47　运行结果

任务目标

学会分析"猜数字游戏"程序的实现思路。

根据思路独立完成"猜数字游戏"的源代码的编写、编译及运行。

掌握在程序中使用 if 选择结构语句和 while 循环语句进行运算操作。

任务分析

（1）从任务描述分析得知，要实现此功能，首先程序后台要预先生成一个 1 ～ 100 的随机数，生成的随机数可以使用 Random 类中的 nextInt(int n) 方法：

```
Random r=new Random();
int m=r.nextInt(100)+1;
```

（2）要使用键盘输入所猜的数字，可以使用 Scanner 类，以下代码使用户能够从 System.in 中读取一个数字：

```
Scanner sc=new Scanner(System.in);
int m=sc.nextInt();
```

（3）输入数字后，需要比较键盘输入的数字和产生的随机数，这时，使用 if...else 语句，如果猜数字＞随机数，提示"sorry，您猜大了"；如果猜数字＜随机数，提示"sorry，您猜小了"；否则，输出"恭喜您，猜对了"。

（4）由于猜数字并非一次成功，很可能多次进行，因此可以通过 while(true) 死循环使程序能够多次键盘输入，如果猜对了，就使用 break 跳出死循环。

任务实现

任务实现代码请参考二维码显示。

猜数字游戏

2.8 方法

2.8.1 什么是方法

方法就是一段可以重复调用的代码。假设有一个游戏程序，程序在运行过程中，要不断地发射炮弹。发射炮弹的动作需要编写 100 行代码，在每次实现发射炮弹的地方都需要重复地编写这 100 行代码，这样程序会变得很臃肿，可读性也非常差。为了解决上述问题，通常会将发射炮弹的代码提取出来，放在一个 {} 中，并为这段代码起个名字，提取出来的代码可以被看作是程序中定义的一个方法。这样在每次发射炮弹的地方，只需通过代码的名称调用方法，就能完成发射炮弹的动作。需要注意的是，有些书中也会把方法称为函数。

在 Java 中，定义一个方法的语法格式如下：

```
修饰符 返回值类型 方法名（参数类型 参数名 1, 参数类型 参数名 2,… ）{
    执行语句
    …
    return 返回值;
}
```

对于方法的语法格式，具体说明如下：

◆ 修饰符：方法的修饰符比较多，例如，对访问权限进行限定的修饰符、static 修饰符、final 修饰符等，这些修饰符在后面的学习过程中会逐步介绍。

◆ 返回值类型：用于限定方法返回值的数据类型。

◆ 方法名：为了方便我们调用方法的名字。

◆ 参数类型：用于限定调用方法时传入的数据类型。

◆ 参数名：是一个变量，用于接收调用方法时传入的数据。

◆ return：结束方法，并且把返回值带给调用者。

需要注意的是，方法中的"参数类型 参数名 1，参数类型 参数名 2"被称为参数列表，参数列表用于描述方法在被调用时需要接收的参数，如果方法不需要接收任何参数，则参数列表为空，即 () 内不写任何内容。方法的返回值类型必须是方法声明的返回值类型，如果方法没有返回值，返回值类型要声明为 void，此时，方法中 return 语句可以省略。

下面将方法的调用分为两种情况讨论。

1. 无返回值的方法的调用

在方法调用中，对于有返回值的方法来说，采用直接调用的方式即可。

方法名（实参 1, 实参 2…）;

例如：

printRectangle(3,5);

下面通过案例 Example 34 演示方法的定义与调用，在该案例中，定义一个方法，使用"*"符号打印矩形：

```
package cn.itcast.chapter02;
public class Example34 {
    public static void main(String[] args) {
        printRectangle(3,5);
        System.out.println("-------------");
        printRectangle(2,2);
        System.out.println("-------------");
        printRectangle(6,10);
    }
    public static void printRectangle(int height,int width){
```

```
        for(int i=0;i<height;i++){
            for(int j=0;j<width;j++){
                System.out.print("*");
            }
            System.out.println();
        }
    }
}
```

运行结果如图 2 - 48 所示。

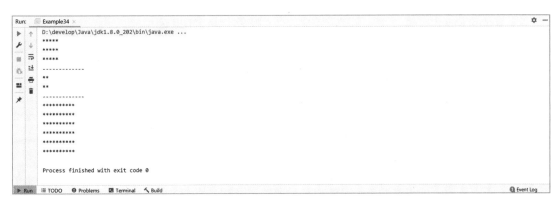

图 2 - 48　运行结果

上述代码定义了一个方法 printRectangle()，{} 内实现打印矩形的代码是方法体，printRectangle 是方法名，方法名后面 () 中的 height 和 width 是方法的参数，方法名前面的 void 表示没有返回值。调用 printRectangle() 方法传入不同的参数，分别打印出 3 行 5 列、2 行 4 列和 6 行 10 列的矩形。由图 2 - 53 可知，程序成功打印出了 3 个矩形。

2. 有明确返回值的方法的调用

对于有明确返回值的方法的调用，采用输出调用或者赋值调用。

（1）输出调用：

System.out.println(方法名 (参数 1, 参数 2…));

例如：

System.out.println("The area is "+ getArea(3,5));

（2）赋值调用：

类型 a= 方法名 (参数 1, 参数 2…)

例如，假设方法的返回类型是 int 型：

```
int area=getArea(3,5);
System.out.println("The area is "+area);
```

下面通过一个案例 Example35 演示有返回值方法的定义与调用：

```
package cn.itcast.chapter02;
public class Example35 {
    public static void main(String[] args) {            // 调用 getArea 方法
        int area=getArea(3,5);
        System.out.println("The area is "+area);
    }
    // 下面定义了一个求矩形面积的方法，接收两个参数，其中 x 为高，y 为宽
    public static int getArea(int x,int y){
        int temp=x*y;                                   // 使用变量 temp 记住运行结果
        return temp;                                    // 将变量 temp 的值返回
    }
}
```

运行结果如图 2-49 所示。

```
Run:  Example35 ×
    D:\develop\Java\jdk1.8.0_202\bin\java.exe ...
    The area is 15

    Process finished with exit code 0

  Run   ≡ TODO   ⊘ Problems   ≥ Terminal   ≪ Build                                                         ⓘ Event Log
```

图 2-49　运行结果

在案例 Example35 中，定义了一个 getArea() 方法用于求矩形的面积，参数 x 和 y 分别用于接收调用方法时传入的高和宽，return 语句用于返回计算所得的面积。在 main() 方法中通过调用 getArea() 方法，获得矩形的面积，并打印结果。

接下来通过图 2-50 演示 getArea() 方法的整个调用过程。

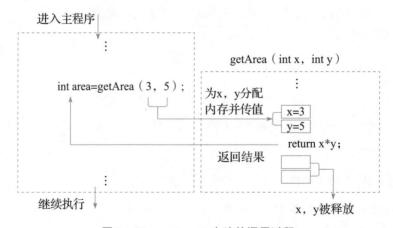

图 2-50　getArea() 方法的调用过程

从图 2-50 可以看出，当调用 getArea() 方法时，程序执行流程从当前函数调用处跳转到 getArea() 内，程序为参数变量 x 和 y 分配内存，并将传入的参数 3 和 5 分别赋值给

变量 x 和 y。在 getArea() 函数内部，计算 x∗y 的值，并将计算结果通过 return 语句返回，整个方法的调用过程结束，变量 x 和 y 被释放。程序执行流程从 getArea() 函数内部跳转回主程序的函数调用处。

2.8.2　方法的重载

在平时生活中经常会出现这样一种情况，一个班里可能同时有两个叫小明的同学，甚至有多个，但是他们的身高、体重、外貌等有所不同，老师点名时都会根据他们的特征来区分。在编程语言里也存在这种情况，参数不同的方法有着相同的名字，调用时根据参数不同确定调用哪个方法，这就是 Java 方法重载机制。

所谓方法重载，就是在同一个类中方法名相同但参数个数或者参数类型不同的方法。

接下来通过一个案例 Example36 演示重载方法的定义与调用，在该案例中，定义了三个 sum 方法，分别用于实现两个整数、三个整数和两个小数的和：

```java
package cn.itcast.chapter02;
public class Example36 {
    public static void main(String[] args) {
        // 下面是针对求和方法的调用
        int result1=sum(1,2);
        int result2=sum(1,2,3);
        double result3=sum(1.2,3.4);
        // 下面的代码是打印求和的结果
        System.out.println("result1:"+result1);
        System.out.println("result2:"+result2);
        System.out.println("result3:"+result3);
    }
    // 下面方法实现两个整数相加
    public static int sum(int x,int y){
        return x+y;
    }
    // 下面方法实现三个整数相加
    public static int sum(int x,int y,int z){
        return x+y+z;
    }
    // 下面方法实现两个小数相加
    public static double sum(double x,double y){
        return x+y;
    }
}
```

运行结果如图 2 - 51 所示。

上述案例中，定义了 3 个同名 sum() 方法，但它们的参数个数或类型不同，从而形成了方法的重载。在 main() 方法中调用 add() 方法时，通过传入不同的参数便可以确定调用哪个重载的方法。需要注意的是，方法的重载与返回值类型无关。

图 2 – 51　运行结果

2.9　数组

现在需要统计某班级 Java 这门课程的考试结果，例如，计算平均分，找到最高分。假设某班级有 50 个学生，用前面所学的知识，程序首先需要声明 50 个变量来记住每个学生的成绩 grade1、grade2、……、grade50，然后再进行操作，这样做会比较麻烦。为了解决这种问题，Java 就提供了数组供我们使用。

数组是指一系列相同类型的数据集合，数组中的每个数据称为元素。数组可以存放任意类型的元素，但同一个数组里存放的元素类型必须一致。数组可分为一维数组和多维数组，本节将对数组进行详细讲解。

2.9.1　数组的定义

在 Java 中，声明数组的方式有两种。

第一种方式（推荐使用）：

数据类型 [] 数组名；

举例：

int[] x;　　//定义了一个 int 类型的数组，数组名是 arr

第二种方式：

数据类型 数组名 [];

举例：

int x[];　　//定义了一个 int 类型的变量，变量名是 arr 数组

Java 语言中，声明数组时不能指定其长度（数组中元素的数），例如：int a[5] 是非法的。

2.9.2　数组初始化

定义完数组后，数组是没有内容的，而且这个数组也并没有真的存在，它仅仅是个声明而已。因此，现在学习数组的初始化。

所谓初始化，就是为数组开辟内存空间，并为数组中的每个元素赋予初始值。有两种方式可以实现数组的初始化，即动态初始化和静态初始化。

1.动态初始化

（1）声明时初始化：

int[] x= new int[100];

（2）先声明后初始化：

int[] x;   // 声明一个 int[] 类型的变量
x=new int[100];   // 为数组 x 分配 100 个元素空间

第一行代码声明了一个变量 x，该变量的类型为 int[]，即声明了一个 int 类型的数组。变量 x 会占用一块内存单元，它没有被分配初始值。变量 x 的内存状态如图 2–52 所示。

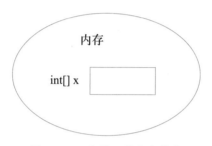

图 2–52 变量 x 的内存状态

第二行代码 x = new int[100]; 创建了一个数组，将数组的地址赋值给变量 x。在程序运行期间可以使用变量 x 引用数组，这时变量 x 在内存中的状态会发生变化，如图 2–53 所示。

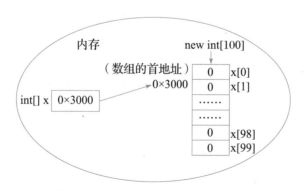

图 2–53 变量 x 在内存中的状态变化

图 2–53 描述了变量 x 引用数组的情况。该数组中有 100 个元素，初始值都为 0。数组中的每个元素都有一个索引（也可称为角标），要想访问数组中的元素可以通过 "x[0]、x[1]、……、x[98]、x[99]" 的形式。需要注意的是，数组中最小的索引是 0，最大的索引是 "数组的长度 –1"。在 Java 中，为了方便获得数组的长度，提供了一个 length 属性，

在程序中可以通过"数组名 .length"的方式获得数组的长度，即元素的个数。

下面通过一个案例来演示数组的声明与初始化，以及访问数组的元素。

```
package cn.itcast.chapter02;
public class Example37 {
    public static void main(String[] args) {
        int[] arr;                                    // 声明数组
        arr=new int[3];                               // 创建数组对象
        System.out.println("arr[0]="+arr[0]);         // 访问数组中的第一个元素
        System.out.println("arr[1]="+arr[1]);         // 访问数组中的第二个元素
        System.out.println("arr[2]="+arr[2]);         // 访问数组中的第三个元素
        System.out.println(" 数组的长度是："+arr.length);  // 打印数组长度
    }
}
```

运行结果如图 2 - 54 所示。

图 2 - 54　运行结果

从运行结果可以看出，数组的长度为 3，且三个元素初始值都为 0，这是因为当数组被成功创建后，如果没有给数组元素赋值，则数组中元素会被自动赋予一个默认值，根据元素类型的不同，默认初始化的值也是不一样的。不同数据类型的数组元素默认初始值见表 2 - 10。

表 2 - 10　不同数据类型的数组元素默认初始值

数据类型	默认初始化值
byte、short、int、long	0
float、double	0.0
char	一个空字符，即 '\u0000'
boolean	false
引用数据类型	null，表示变量不引用任何对象

如果在使用数组时，不想使用这些默认初始值，也可以为这些元素显示赋值。下面通过案例 Example38 来学习如何为数组的元素赋值：

```
package cn.itcast.chapter02;
```

```
public class Example38 {
    public static void main(String[] args) {
        int[] arr=new int[4];        // 定义可以存储 4 个元素的整数类型数组
        arr[0]=1;                    // 为第一个元素赋值 1
        arr[1]=2;                    // 为第二个元素赋值 2
        // 依次打印数组中每个元素的值
        System.out.println("arr[0]="+arr[0]);
        System.out.println("arr[1]="+arr[1]);
        System.out.println("arr[2]="+arr[2]);
        System.out.println("arr[3]="+arr[3]);
    }
}
```

运行结果如图 2 - 55 所示。

图 2 - 55　运行结果

2. 静态初始化

在初始化数组时还有一种方式叫作静态初始化，就是在定义数组的同时就为数组的每个元素赋值。数组的静态初始化有两种方式，具体格式如下：

类型 [] 数组名 = new 类型 []{ 元素，元素，……};
类型 [] 数组名 = { 元素，元素，元素，……};

上述的两种方式都可以实现数组的静态初始化，但是为了简便，建议采用第二种方式。下面通过一个案例演示数组静态初始化的效果：

```
package cn.itcast.chapter02;
public class Example39 {
    public static void main(String[] args) {
        int[] arr={1,2,3,4};        // 静态初始化
        // 依次访问数组中的元素
        System.out.println("arr[0]="+arr[0]);
        System.out.println("arr[1]="+arr[1]);
        System.out.println("arr[2]="+arr[2]);
        System.out.println("arr[3]="+arr[3]);
    }
}
```

运行结果如图 2 - 56 所示。

图 2 – 56　运行结果

上述代码中，采用静态初始化的方式为每个元素赋予初值，其值分别是 1、2、3、4。需要注意的是，文件中的第 4 行代码千万不可写成 int[] arr = new int[4]{1,2,3,4};，这样写编译器会报错。原因在于编译器会认为数组限定的元素个数 [4] 与实际存储的元素 {1,2,3,4} 个数有可能不一致，存在一定的安全隐患。

> ⏰ 特别提醒 1：数组索引越界
>
> 　　数组是一个容器，存储到数组中的每个元素，都有自己的自动编号，最小值为 0，最大值为数组长度 –1，如果要访问数组存储的元素，必须依赖于索引。在访问数组的元素时，索引不能超出 0 ～ length–1 范围，否则程序会报错。

下面通过一个案例 Example40 演示索引超出数组范围的情况：

```
package cn.itcast.chapter02;
public class Example40 {
    public static void main(String[] args) {
        int[] arr=new int[4];                    // 定义一个长度为 4 的数组
        System.out.println(arr[4]);              // 通过索引 4 访问数组元素
    }
}
```

运行结果如图 2 – 57 所示。

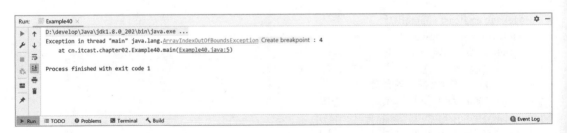

图 2 – 57　运行结果

运行结果中所提示的错误信息 " ArrayIndexOutOfBoundsException " 是数组越界异常，出现这个异常的原因是数组的长度为 4，索引范围为 0 ～ 3，Example40 类中的第 5 行代码使用索引 4 访问元素时超出了数组的索引范围。所谓异常，指程序中出现的错误，它会报告出错的异常类型、出错的行号以及出错的原因。

> ⏰ **特别提醒 2：空指针异常**
>
> 　　在使用变量引用一个数组时，变量必须指向一个有效的数组对象，如果该变量的值为 null，则意味着没有指向任何数组，此时通过该变量访问数组的元素会出现空指针异常，接下来通过一个案例 Example41 来演示这种异常：

```java
package cn.itcast.chapter02;
public class Example41 {
    public static void main(String[] args) {
        int[] arr=new int[3];                        // 定义一个长度为 3 的数组
        arr[0]=5;                                    // 为数组的第一个元素赋值
        System.out.println("arr[0]="+arr[0]);        // 访问数组的元素
        arr=null;                                    // 将变量 arr 置为 null
        System.out.println("arr[0]="+arr[0]);        // 访问数组的元素
    }
}
```

运行结果如图 2 - 58 所示。

图 2 - 58　运行结果

2.9.3　数组的常见操作

数组的常见操作请参考二维码显示。

2.9.4　二维数组

在程序中，仅仅使用一维数组是远远不够的。例如，要统计一个学校各个班级学生的考试成绩，既要标识班，又要标识学生成绩，使用一

数组的常见操作

维数组实现学生成绩的管理是非常麻烦的。这时，就需要用到多维数组，多维数组可以简单地理解为在数组中嵌套数组，即数组的元素是一个数组。在程序中比较常见的就是二维数组，下面将对二维数组进行讲解。

　　二维数组的定义有很多方式，下面针对几种常见的定义方式进行详细讲解，具体如下。

（1）第一种方式：

数据类型 [][] 数组名 = new 数据类型 [行的个数][列的个数];

下面以第一种方式声明一个数组：

int[][] xx= new int[3][4];

上面的代码相当于定义了一个 3*4 的二维数组，即 3 行 4 列的二维数组，接下来通过一个图表示二维数组 xx[3][4]，如图 2 - 59 所示。

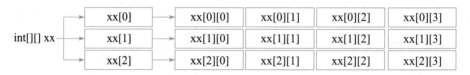

图 2 - 59　二维数组 xx[3][4]

（2）第二种方式：

数据类型 [][] 数组名 = new int[行的个数][];

下面以第二种方式声明一个数组：

int[][] xx= new int[3][];

第二种方式和第一种类似，只是数组中每个元素的长度不确定，如图 2 - 60 所示。

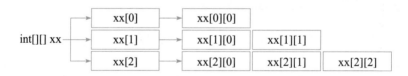

图 2 - 60　二维数组 xx[3][]

（3）第三种方式：

数据类型 [][] 数组名 = {{ 第 0 行初始值 },{ 第 1 行初始值 },...,{ 第 n 行初始值 }};

下面以第三种方式声明一个数组：

int[][] xx= {{1,2},{3,4,5,6},{7,8,9}};

上面的二维数组 arr 中定义了 3 个元素，这 3 个元素都是数组，分别为 {1,2}、{3,4,5,6}、{7,8,9}，如图 2 - 61 所示。

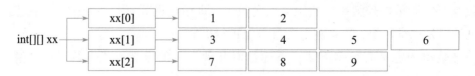

图 2 - 61　二维数组 xx

二维数组中元素的访问也是通过索引的方式。例如，访问二维数组 arr 中第一个元素数组的第二个元素，具体代码如下：

arr[0][1];

下面通过一个案例演示二维数组的使用，该案例要统计一个公司 3 个销售小组中每个小组的总销售额和整个公司的销售额：

```java
package cn.itcast.chapter02;
public class Example44 {
    public static void main(String[] args) {
        int[][] arr = new int[3][];          // 定义一个长度为 3 的二维数组
        arr[0] = new int[] { 11, 12 };        // 为数组的元素赋值
        arr[1] = new int[] { 21, 22, 23 };
        arr[2] = new int[] { 31, 32, 33, 34 };
        int sum = 0;                          // 定义变量记录总销售额
        for (int i = 0; i < arr.length; i++) {  // 遍历数组元素
            int groupSum = 0;                 // 定义变量记录小组销售总额
            for (int j = 0; j < arr[i].length; j++) {  // 遍历小组内每个人的销售额
                groupSum = groupSum + arr[i][j];
            }
            sum = sum + groupSum;             // 累加小组销售额
            System.out.println(" 第 " + (i + 1) + " 小组销售额为：" + groupSum + " 万元。");
        }
        System.out.println(" 总销售额为：" + sum + " 万元。");
    }
}
```

运行结果如图 2 - 62 所示。

图 2 - 62　运行结果

上述代码中定义了两个变量 sum 和 groupSum，其中 sum 用于记录公司的总销售额，groupSum 用于记录每个销售小组的销售额。这个二维数组通过嵌套 for 循环统计销售额，外层循环对 3 个销售小组进行遍历，内层循环对每个小组员工的销售额进行遍历。内层循环每循环一次就相当于将一个小组员工的销售额累加到本小组的销售总额 groupSum 中。内层循环结束，相当于本小组销售总金额计算完毕，把 groupSum 的值累加到 sum 中。当外层循环结束时，3 个销售小组的销售总额 groupSum 都累加到了 sum 中，统计出整个公司的销售总额。

一维数组的遍历，我们是结合一个 for 循环，那么二维数组的遍历呢？很简单，只需要结合两层循环即可。接下来通过案例 Example45 来演示一下：

```
package cn.itcast.chapter02;
public class Example45 {
    public static void main(String[] args) {
        int[][] arr={{1,2,3},{4,5,6},{7,8,9}};
        //arr.length 获取的其实就是二维数组有几个一维数组，相当于行
        for (int i=0;i<arr.length;i++){
            //arr[i].length 获取的就是第 i 个一维数组的长度
            for (int j=0;j<arr[i].length;j++){
                System.out.print(arr[i][j]+" ");
            }
            System.out.println();
        }
    }
}
```

运行结果如图 2 – 63 所示。

图 2 – 63　运行结果

上述案例中，arr.length 获取的实际上是二维数组有几个一维数组。而 arr[i].length 中的 arr[i] 相当于拿到的第 i 个一维数组，此时，这和 arr[i].length 获取的就是第 i 个一维数组的长度。

任务 2-2　随机点名器

任务介绍

1. 任务描述

编写一个随机点名器的程序，使其能够在全班同学中随机点中某一个学生的名字。随机点名器具备 3 个功能，包括存储全班同学的姓名、总览全班同学姓名和随机点取其中一个人姓名。比如随机点名器首先分别向班级存入张飞、刘备和关羽这 3 位同学的名字，然后总览全班同学的姓名，打印出这 3 位同学的名字，最后在这 3 位同学中随机选择一位，并打印出该同学的名字，至此随机点名器运行成功。

2. 运行结果

任务结果如图 2 – 64 所示。

图 2 – 64　运行结果

任务目标

◆ 学会分析"随机点名器"程序任务实现的逻辑思路。

◆ 能够独立完成"随机点名器"程序的源代码编写、运行及编译。

◆ 能够根据"随机点名器"程序功能的不同，将功能封装到不同的方法中。

◆ 能够使用数组解决多个同学姓名的存储问题。

◆ 掌握方法和数组的使用。

任务分析

（1）在存储同学姓名时，如果对每一个同学都定义一个变量进行姓名存储，则会出现过多孤立的变量，很难一次性将全部数据持有。此时，可以使用数组解决多个数据的存储问题。创建一个可以存储多个同学姓名的数组，打算存几个同学的姓名就创建相应长度的数组。

（2）键盘输入同学姓名。将输入的姓名依次赋值给数组各元素，此时便存储了全班同学姓名。键盘输入需要使用 Scanner 类，以下代码能够从键盘输入中读取一个字符串：

```
Scanner sc=new Scanner(System.in);
String str=sc.next();
```

（3）对数组进行遍历，打印出数组每个元素的值，即实现了对全班每一位同学姓名的总览。

（4）根据数组长度，获取随机索引。这里我们设置数组的长度为 3，即存储 3 个同学，所以获取的随机索引只能在 0 ~ 2 之间，通过随机索引获取数组中的姓名，该姓名也就是随机的姓名。获取随机索引可以使用 Random 类中的 nextInt(int n) 方法。

（5）"随机点名器"明确分为了 3 个功能，如果将多个独立功能的代码写在一起，代码相对冗长。可以针对不同的功能将其封装到不同的方法中，将完整独立的功能分离出来，然后只需要在程序的 main() 方法中

随机点名器

调用这 3 个方法即可。

任务实现

任务实现代码请参考二维码显示。

📇 **本章小结**

本章主要介绍了学习 Java 的基础知识。首先介绍了 Java 语言的基本语法，包括 Java 程序的基本格式、注释、标识符等；其次介绍了 Java 中的变量、常量和运算符和 Scanner 键盘录入；接着介绍了选择结构语句和跳转语句；然后介绍了方法，包括方法的概念、定义、调用以及重载；最后介绍了数组，包括数组的定义、数组的常见操作、多维数组。通过本章的学习，大家能够掌握 Java 程序的基本语法格式、变量和运算符的使用，能够掌握流程控制语句的使用，能够掌握方法的定义和调用方式，能够掌握数组的声明、初始化和使用等，为后面学习做好铺垫。

📝 **本章习题**

一、填空题

1. Java 程序代码必须放在一个类中，类使用_____关键词定义。

2. Java 中的注释有三类，分别是_____、_____和_____。

3. 在 Java 中，变量的数据类型分为两种，即基本_____和_____类型。

4. 在逻辑运算符中，运算符_____和_____用于表示逻辑与，_____表示逻辑或。

5. 数组是一个_____，存储到数组中的每个元素，都有自己的自动编号，最小值为_____。

6. Java 语言中，float 类型所占存储空间为_____个字节。

7. 范围大的数据类型转换成范围小的数据类型，需要用到_____类型转换。

8. System.out.println("1"+2) 打印到屏幕的结果是_____。

9. Java 中所有关键字都是由_____字母组成。

二、判断题

1. Java 语言不区分大小写。(   )

2. continue 语句只用于循环语句中，它的作用是跳出循环。(   )

3. 三元运算符的语法格式为"判断条件？表达式 1：表达式 2"。(   )

4. 循环嵌套是指在一个循环语句的循环体中再定义一个循环语句的语法结构。while、do...while、for 循环语句都可以进行嵌套，并且它们之间也可以互相嵌套。(   )

5. 在 switch 条件语句和循环语句中都可以使用 break 语句。(   )

6. 在 Java 的基本数据类型中，char 型占用 16 位，即 2 个字节的内存空间。(   )

7. 布尔类型 boolean 与其他基本数据类型不可以互相转换。(　　　)

三、选择题

1. 下面标识符不合法的是 (　　　)。

   A. $variable   B. _variable   C. variable123   D. 123 variable

2. 下列 (　　　) 不属于 Java 的基本数据类型。

   A. int   B. String   C. double   D. boolean

3. 下面答案正确的是 (　　　)。

   A. int n=7；int b=2*n++；结果：b=15，n=8

   B. int n=7；int b=2*n++；结果：b=16，n=8

   C. int n=7；int b=2*n++；结果：b=14，n=8

   D. int n=7；int b=2*n++；结果：b=14，n=7

4. 下面代码的运行输出结果是 (　　　)。

```
public class example
{  public static void main(String args[])
   {  int X=0;
      if (X>0) X=1;
      switch(x)
      {  case 1: System.out.println(1);
         case 0: System.out.println(0);
         case 2: System.out.println(2);
            break;
         case 3: System.out.println(3);
         default:System.out.println(4);
            break;
      }
   }
}
```

   A. 0   B. 4   C. 2   D. 1

      2   3   3   0

5. 假设 int x=2，三元表达式 x>0 ? x+1：5 (　　　)

   A. 0   B. 2   C. 3   D. 5

6. 设有如下的程序代码，在执行完后 x 和 y 的值是多少？(　　　)

```
int  x= 8, y=2, z;
x=++x*y;
z=x/y++;
```

   A. x=16, y=2   B. x=16, y=4   C. x=18, y=2   D. x=18, y=3

7. 下面哪个赋值语句是不合法的？(　　　)

   A. float f=20.3;   B. double d=2.3E12;

   C. double d=2.1352;   D. double d=3.14D;

8. 以下代码段执行后的输出结果为 (　　　)。

```
int x=7;
double y=-5.0;
System.out.println(x%y);
```

    A. 2.0   B. –2.0   C. 0.4   D. –0.4

9. 以下程序的输出结果为（　　　　）。

```
public class Test {
    public static void main(String[] args) {
        int i=0;
        for(i=0;i<4;i++){
        if(i==3)
            break;
            System.out.print(i);
    }
    System.out.println(i);
    }
}
```

    A. 0123   B. 0122   C. 123   D. 234

四、简答题

1. 简述 Java 语言中的 8 种基本数据类型，并说明每种数据类型所占用的空间大小。

2. 简述跳转语句 break 与 continue 的作用和区别。

3. 请简述 & 和 && 的区别。

五、编程题

1. 请编写程序，实现计算 100～300 偶数的累加值，要求如下：

（1）使用循环语句实现自然数 100～300 的遍历。

（2）在遍历过程中，通过条件判断当前遍历的书是否为偶数，如果是就累加，否则不加。

2. 请编写程序，实现获取数组 {22，24，76，12，21，33} 中的最小数。

3. 编写程序，实现任意输入三条边（a，b，c）后，若能构成三角形且为等腰、等边和直角三角形，则分别输出 DY、DB、ZJ，否则输出 YB；若不能构成三角形，则输出 NO。

4. 编写一个程序，打印 100～200 之间的素数，要求每行按 10 个数（数与数之间有一个空格间隔）的形式输出。

5. 打印出所有的 5 位数"回文数"，并且统计回文数的个数，要求每 8 个回文数换一行。回文数是指正序 (从左向右) 和倒序 (从右向左) 读都一样的整数，如 12321。

第3章
面向对象（上）

 教学目标

知识目标

1. 掌握面向对象的三大特征。

2. 掌握类的定义。

3. 掌握对象的创建与使用。

4. 掌握对象的引用传递。

5. 掌握对象成员的访问控制。

6. 掌握类的封装特性。

7. 掌握构造方法的定义和重载。

8. 掌握 this 关键字和 static 关键字的使用。

9. 了解代码块的应用。

能力目标

1. 理解对象和类的概念、关系。

2. 学会定义类，包括定义类的成员变量和成员方法并且用类创建对象，通过对象使用类的成员变量和成员方法。

3. 学会用对类进行封装，创建标准的类。

4. 能够使用构造方法初始化对象。

5. 掌握 this 和 static 的使用场景以及如何使用。

素质目标

培养学生具有不怕苦、不怕难、勇于挑战的精神。

前面学习的知识都属于 Java 的基本程序设计范畴，属于结构化的程序开发，若使用结构化方法开发软件，其稳定性、可修改性和可重用性都比较差。在软件开发过程中，用户的需求随时都可能发生变化，为了更好地适应用户需求的变化，产生了面向对象的概念。在接下来的两章中，将为大家详细讲解 Java 语言面向对象的特性。

3.1 面向对象概述

我们回想一下，通过前两个章节的学习，完成一个需求的步骤：首先是搞清楚我们要做什么，然后分析怎么做，最后再用代码实现。这些步骤相互调用和协作，完成我们的需求。每一个步骤我们都是参与者，并且需要面对具体的每一个步骤和过程，这就是面向过程最直接的体现。简言之，前两个章节是面向过程开发。

面向过程就是面向着具体的每一个步骤和过程，把每一个步骤和过程完成，然后由这些功能相互调用，完成需求。

当需求单一或者简单时，我们一步一步去操作没问题，并且效率也挺高。可随着需求的更改，功能的增多，发现需要面对每一个步骤很麻烦了。这时就开始思索，能不能把这些步骤和功能进行封装，根据不同的功能进行不同的封装，功能类似的封装在一起，这样结构就清晰了很多。用的时候，找到对应的类就可以了。这就是面向对象的思想。

面向对象思想是一种更符合思考习惯的思想，可以将复杂的事情简单化，它将我们从执行者变成了指挥者——角色发生了转换。我们以买电脑为例子：

面向过程：我要买电脑—明确买电脑的意义—上网查对应的参数信息—去中关村买电脑—讨价还价—买回电脑。

面向对象：我要买电脑—班长去给我买电脑—买回电脑。

从买电脑例子可以看出，面向对象中的我从"执行者"变成了"指挥者"。指挥"班长"帮我买电脑。

当一个应用程序包含多个对象，通过多个对象的相互配合实现应用程序的功能，这样当应用程序功能发生变动时，只需要修改个别的对象就可以了，从而使代码维护更容易。面向对象的特点主要可以概括为封装性、继承性和多态性。

1. 封装性

封装是面向对象的核心思想，它有两层含义，一是指把对象的属性和行为看成是一个密不可分的整体，将这两者"封装"在一起（即封装在对象中）；另外一层含义指"信息隐藏"，将不想让外界知道的信息隐藏起来。例如，驾校的学员学开车，只需要知道如何操作汽车，无须知道汽车内部是如何工作的。

2. 继承性

继承性主要描述的是类与类之间的关系，通过继承，可以在无须重新编写原有类的情况下，对原有类的功能进行扩展。例如，有一个汽车类，该类描述了汽车的普通特性和功能。进一步再产生轿车类，而轿车类中不仅应该包含汽车的特性和功能，还应该增加轿车特有的功能。这时，可以让轿车类继承汽车类，在轿车类中单独添加轿车特性和方法就可以了。继承不仅增强了代码的复用性、提高开发效率，还降低了程序产生错误的可能性，为程序的维护以及扩展提供了便利。

3. 多态性

多态性指的是在一个类中定义的属性和方法被其他类继承后，它们可以具有不同的数据类型或表现出不同的行为，这使得同一个属性和方法在不同的类中具有不同的语义。例如，当听到"Cut"这个单词时，理发师的行为是剪发，演员的行为表现是停止表演，不同的对象，所表现的行为是不一样的。多态的特性使程序更抽象、便捷，有助于开发人员设计程序时分组协同开发。

3.2 类与对象

我们学习编程语言，就是为了模拟现实世界的事物，实现信息化。比如：去超市买东西的计费系统、去银行办业务的系统。

我们是如何表示一个现实事物呢？

（1）属性：就是该事物的描述信息。

（2）行为：就是该事物能够做什么。

比如说"学生"。对于一个学生来说，有姓名、学号、年龄等属性，有学习、跑步等行为。

Java 语言最基本的单位是类，所以，我们就应该把事物用一个类来体现。

类其实就是一组相关的属性和行为的集合，是一类事物的描述，是抽象的、概念性的定义。而对象就是实际存在的该类事物的每个个体，因而也称为实例。

例如，在现实生活中，学生就可以表示为一个类，而一个具体的学生，就可以称为对象。一个具体的学生会有自己的姓名和年龄等信息，这些信息在面向对象的概念中称为属性；学生可以看书和打篮球，而看书和打篮球这些行为在类中就称为方法。类与对象的关系如图 3-1 所示。

在图 3-1 中，学生可以看作是一个类，小明、李华、大军都是学生类型的对象。类用于描述多个对象的共同特征，它是对象的模板。对象用于描述现实中的个体，它是类的实例。对象是根据类创建的，一个类可以对应多个对象。

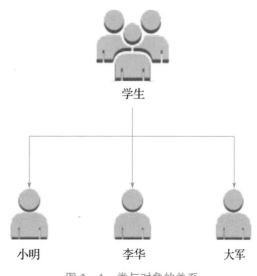

图 3-1 类与对象的关系

3.2.1 类的定义

在面向对象的思想中，最核心的就是对象，而创建对象的前提是需要定义一个类，类是 Java 中一个重要的引用数据类型，也是组成 Java 程序的基本要素，所有的 Java 程序都是基于类的。

前面提到过，类是用来描述现实的事物的，现实事物用以下两个指标来描述的（1）属性：事物的描述信息。（2）行为：事物能够做什么。那么类是如何与事物进行对应的呢？类中的两个组成部分：（1）成员变量：事物的描述信息。（2）成员方法：事物能够做什么。

类的定义如下：

```
class 类名 {
    成员变量;
    成员方法;
}
```

根据上述格式定义一个学生类。对于一个学生来说，属性有：姓名、年龄、性别等，行为有：学习、跑步等。对应学生类应该是成员变量：姓名（name）、年龄（age）、性别（sex），成员方法：学习 study()、跑步 run()。学生类定义的示例代码如下：

```java
class Student {
    // 成员变量
    String name;                // 声明姓名属性
    int age;                    // 声明年龄属性
    String sex;                 // 声明性别属性
    // 成员方法
    public void study(){        // 学习行为
        System.out.println(name+" 在学习 ");
    }
    public void run() {         // 跑步行为
        System.out.println(name+" 在跑步 ");
    }
}
```

上述代码定义了一个学生类。其中，Student 是类名，name、age、sex 是成员变量，study() 和 run() 是成员方法。在成员方法 study() 和 run() 中可以直接访问成员变量 name。

这里，成员方法和我们前面学习过的方法定义几乎是一样的，只需要去掉 static 关键字即可。

⏰ **特别提醒：局部变量与成员变量的不同。**

在 Java 中，定义在类中的变量被称为成员变量，定义在方法中的变量被称为局部变量。如果在某一个方法中定义的局部变量与成员变量同名，这种情况是允许的，此时，在方法中通过变量名访问到的是局部变量，而并非成员变量。

```
class Student {
    int age=30;                    // 类中方法外定义的变量为成员变量
    public void study(){
        int age=50;                // 方法内部定义的变量称为局部变量
        System.out.println(" 大家好，我 "+age+" 岁了，我在学习 ");
    }
}
```

上述代码中，在 Student 类的 study () 方法中有一条打印语句，访问了变量 age，此时访问的是局部变量 age，也就是说当有另外一个程序调用 study() 方法时，输出的 age 值为 50，而不是 30，即"就近原则"。

3.2.2 对象的创建与使用

在 3.2.1 节中定义了一个 Student 类，而类是抽象的，要想使用这个类就必须要创建对象。在 Java 程序中可以使用 new 关键字创建对象，具体格式如下：

```
类名 对象名称 = null;
对象名称 = new 类名 ();
```

上述格式中，创建对象分为声明对象和实例化对象两步，也可以直接通过下面的方式创建对象，具体格式如下：

```
类名 对象名称 = new 类名 ();
```

例如，创建 Student 类的实例对象，示例代码如下：

```
Student stu = new Student();
```

上述代码中，new Student() 用于创建 Student 类的一个实例对象，Student stu 则是声明了一个 Student 类型的变量 stu。运算符" ＝"将新创建的 Student 对象地址赋值给变量 stu，变量 stu 引用的对象简称为 stu 对象。

了解了对象的创建之后，就可以使用类创建对象了，示例代码如下：

```
class Student {
    // 成员变量
    String name;
    // 成员方法
    public void study(){                    //学习行为
        System.out.println(name+" 在学习 ");
    }
}
public class Example 01 {
    public static void main(String[] args) {
        Student stu=new Student();          // 创建并实例化对象
    }
}
```

> **⏰ 注意：**
>
> Student 是一个学生事物类，main 方法不适合放在它里面，因此我们创建了一个 Example 01 测试类，用来存放 main 方法。

从图 3－2 中可以看出，对象名称 stu 保存在栈内存中，而对象的属性信息则保存在对应的堆内存中。

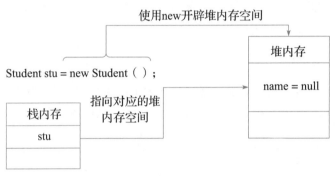

图 3－2　对象的内存分配

创建 Student 对象后，可以使用对象访问类中的某个属性或方法，对象属性和方法通过 "." 运算符实现，具体格式如下：

```
对象名称.属性名
对象名称.方法名
```

根据上述格式，对 Example 01 案例添加学生对象的属性和方法的访问调用，如下：

```java
class Student {
    String name;                              //声明姓名属性
    public void study() {
        System.out.println(name+" 在学习 ");
    }

}
public class Example01 {
    public static void main(String[] args) {
        Student stu1 = new Student();         // 创建第一个 Student 对象
        Student stu2 = new Student();         // 创建第二个 Student 对象
        stu1.name = " 小明 ";                 // 为 stu1 对象的 name 属性赋值
        stu1.study();                         // 调用对象的方法
        stu2.name = " 小华 ";
        stu2.study();
    }
}
```

运行结果如图 3－3 所示。

图 3 − 3 　运行结果

从运行结果可以看出，stu1 对象和 stu2 对象在调用 study() 方法时，打印的 name 值不相同。这是因为 stu1 对象和 stu2 对象是两个完全独立的个体，它们分别拥有各自的name 属性，对 stu1 对象的 name 属性进行赋值并不会影响到 stu2 对象 name 属性的值。为 stu1 对象和 stu2 对象的属性赋值后的内存变化如图 3 − 4 所示。

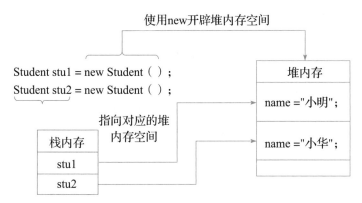

图 3 − 4 　为 **stu1** 对象和 **stu2** 对象的属性赋值后的内存变化

从图 3 - 4 可以看出，程序分别实例化了两个 Student 对象 stu1 和 stu2，分别指向其各自的堆内存空间。

3.2.3 　对象的引用传递

类属于引用数据类型，引用数据类型就是指内存空间可以同时被多个栈内存引用。接下来通过一个案例 Example02 为大家详细讲解对象的引用传递：

```
package cn.itcast02;
class Student{
    String name;                    //声明姓名属性
    int age;                        //声明年龄属性
    public void introduce(){
        System.out.println(" 大家好，我是 "+name+", 年龄 "+age);
    }
}
public class Example02 {
    public static void main(String[] args) {
        Student stu1 = new Student ();      //声明 stu1 对象并实例化
```

```
        Student stu2 = null;            // 声明 stu2 对象，但不对其进行实例化
        stu2 = stu1;                    // stu1 给 stu2 分配空间使用权
        stu1.name = " 小明 ";           // 为 stu1 对象的 name 属性赋值
        stu1.age = 20;
        stu2.age = 50;
        stu1.introduce();              // 调用对象的方法
        stu2.introduce();
    }
}
```

运行结果如图 3 - 5 所示。

图 3 - 5　运行结果

从图 3 - 5 中可以发现，两个对象的输出内容是一样的，这是因为 stu2 对象获得了 stu1 对象的堆内存空间的使用权。在该案例中，stu1 对 age 的属性赋值之后，stu2 对象对 age 属性值进行了修改。实际上，所谓引用传递，就是将一个堆内存空间的使用权给多个栈内存空间使用，每个栈内存空间都可以修改堆内存空间的内容。对象引用传递的内存分配如图 3 - 6 所示。

图 3 - 6　对象引用传递的内存分配

从图 3-6 中可以发现堆内存、栈内存空间的变化，在程序的最后，stu2 对象将 age 的值修改为 50，因此最终结果 stu1 的 age 属性值是 50。

小提示

一个栈内存空间只能指向一个堆内存空间，如果想要再指向其他堆内存空间，就必须先断开已有的指向后才能再分配新的指向。

3.2.4 访问控制

针对类、成员方法和属性，Java 提供了 4 种访问控制权限，分别是 private、default、protected 和 public。这 4 种访问控制权限按级别由小到大依次排列，如图 3-7 所示。

访问控制级别由小到大

图 3-7 访问控制权限

图 3-7 展示了 4 种访问控制权限，具体介绍如下：

（1）private（当前类访问级别）：private 属于私有访问权限，用于修饰类的属性和方法。类的成员一旦使用了 private 关键字修饰，则该成员只能在本类中进行访问。

（2）default：如果一个类中的属性或方法没有任何的访问权限声明，则该属性或方法就是默认的访问权限。默认的访问权限可以被本包中的其他类访问，但是不能被其他包的类访问。

（3）protected：属于受保护的访问权限。一个类中的成员使用了 protected 访问权限，则只能被本包及不同包的子类访问。

（4）public：public 属于公共访问权限。如果一个类中的成员使用了 public 访问权限，则该成员可以在所有类中被访问，不管是否在同一包中。

下面通过表 3-1 总结上述的访问控制权限。

表 3-1 访问控制权限

访问范围	private	default	protected	public
同一类中	√	√	√	√
同一包中的类		√	√	√
不同包中子类			√	√
全局范围				√

小提示

如果一个 Java 源文件中定义的所有类都没有使用 public 修饰，那么这个 Java 源文件的文件名可以是一切合法的文件名；如果一个源文件中定义了一个 public 修饰的类，那么这个源文件的文件名必须与 public 修饰的类名相同。

例如：将 Example02 案例的 Student 类改为 public 时，会出现错误，如图 3 - 8 所示。

```
Example02.java ×
1    package cn.itcast02;
2  ┌ public class Student{
3  │      Str ┌─────────────────────────────────────────────────┐
4  │      int │ Class 'Student' is public, should be declared in a file named 'Student.java'  ⋮ │
5  │      pub ├─────────────────────────────────────────────────┤
6  │          │ Make 'Student' not public  Alt+Shift+Enter    More actions...   Alt+Enter │
   │          System.out.println("大家好，我是"+name+",年龄"+age);
7  │      }
8  └ }
9  ▶ ┌ public class Example02 {
10 ▶ │      public static void main(String[] args) {
11 │          Student stu1 = new Student (); //声明stu1对象并实例化
12 │          Student stu2 = null;           //声明stu2对象，但不对其进行实例化
13 │          stu2 = stu1;                   // stu1给stu2分配空间使用权。
14 │          stu1.name = "小明";            // 为stu1对象的name属性赋值
15 │          stu1.age = 20;
16 │          stu2.age = 50;
17 │          stu1.introduce();              // 调用对象的方法
18 │          stu2.introduce();
19 │      }
20 └ }
21
```

图 3 - 8　同一个文件名下的两个 public 类出错

上述错误提示译为" Student 类是 public，所以源文件名应为 Student.java"。然而，main 方法的类 Example02 类也是 public，所以，我们要在同一个包下，分开单独创建两个类" Stdeunt.java"和"Example02.java"，如图 3 - 9 所示。

```
Example02.java ×    Student.java ×
1    package cn.itcast02;
2
3    public class Student {
4        String name;          //声明姓名属性
5        int age;              //声明年龄属性
6        public void introduce(){
7            System.out.println("大家好，我是"+name+",年龄"+age);
8        }
9    }
10
```

图 3 - 9　更改为两个源文件名

```
© Example02.java ×    © Student.java ×
1      package cn.itcast02;
2      |
3    ▶ public class Example02 {
4    ▶     public static void main(String[] args) {
5             Student stu1 = new Student ();  //声明stu1对象并实例化
6             Student stu2 = null;             //声明stu2对象，但不对其进行实例化
7             stu2 = stu1;                     // stu1给stu2分配空间使用权。
8             stu1.name = "小明";              // 为stu1对象的name属性赋值
9             stu1.age = 20;
10            stu2.age = 50;
11            stu1.introduce();                // 调用对象的方法
12            stu2.introduce();
13        }
14    }
15
```

图 3 - 9　更改为两个源文件名（续）

3.3　封装性

封装是面向对象的核心思想，理解并掌握封装对学习 Java 面向对象的内容十分重要。

3.3.1　为什么要封装

封装是面向对象编程语言对客观世界的模拟，客观世界里成员变量都是隐藏在对象内部的，外界无法直接操作和修改。封装可以被认为是一种保护屏障，防止本类的代码和数据被外部程序随机访问。下面通过一个例子 Example03 具体讲解什么是封装：

封装的目的

```
package cn.itcast03;
class Student{
    String name;                            //声明姓名属性
    int age;                                //声明年龄属性
    void introduce() {
        System.out.println(" 大家好，我是 "+name+"，年龄 "+age);
    }
}
public class Example03 {
    public static void main(String[] args) {
        Student stu = new Student();        // 创建学生对象
        stu.name = " 张三 ";                 // 为对象的 name 属性赋值
        stu.age = -18;                       // 为对象的 age 属性赋值
        stu.introduce();                     // 调用对象的方法
    }
}
```

运行结果如图 3 - 10 所示。

图 3-10   运行结果

在上述代码中，将年龄赋值为 -18 岁，这在程序中是不会有任何问题的，因为 int 的值可以取负数。但是在现实中，-18 明显是一个不合理的年龄值。为了避免这种错误的发生，在设计 Student 类时，应该对成员变量的访问做出一些限定，不允许外界随意访问，这就需要实现类的封装。

3.3.2 如何实现封装

Java 开发中定义一个类时，将类中的属性（类的成员变量）私有化，即使用 private 关键字修饰类的属性，被私有化的属性只能在类中被访问。如果外界想要访问私有属性，则必须通过 setter 和 getter 方法设置和获取属性值。

方法的重写

下面修改 Example03 案例，使用 private 关键字修饰 name 和 age 属性，实现类的封装：

```java
package cn.itcast04;
class Student{
    private String name;              // 声明姓名属性
    private  int age;                 // 声明年龄属性

    public void setName(String n) {
        name=n;
    }
    public String getName() {
        return name;
    }

    public void setAge(int a) {
        if(a<=0){
            System.out.println(" 您输入的年龄有误！ ");
        } else {
            age=a;
        }
    }
    public int getAge() {
        return age;
    }
    public void introduce() {
        System.out.println(" 大家好，我是 "+name+"，年龄 "+age);
    }
```

```
    }
public class Example04 {
    public static void main(String[] args) {
        Student stu = new Student();        // 创建学生对象
        stu.setName(" 张三 ");               // 为对象的 name 属性赋值
        stu.setAge(-18);                    // 为对象的 age 属性赋值
        stu.introduce();                    // 调用对象的方法
    }
}
```

在此案例中使用 private 关键字将属性 name 和 age 声明为私有变量，并对外界提供公有的访问方法。其中，getName() 方法和 getAge() 方法用于获取 name 属性和 age 属性的值，setName() 方法和 setAge() 方法用于设置 name 属性和 age 属性的值。程序运行结果如图 3 – 11 所示。

图 3 – 11　运行结果

由图 3 – 11 可知，在 main 方法中创建了 Student 对象，并调用 setAge() 方法传入一个负数 –30，在 setAge() 方法中会对参数 a 的值进行检查，由于当前传入的值小于 0，因此会输出"您输入的年龄有误！"的信息，age 属性并没有被赋值，仍为初始值 0。

补充：this 关键字

在 Example03 案例中，Student 类定义的成员变量 name 表示年龄，setName() 方法中表示年龄的参数是 n，这样程序的可读性很差。这时，需要将一个类中表示姓名的变量进行统一的命名，例如都声明为 name。但是这样做又会导致成员变量和局部变量的名称冲突，在方法中将无法访问成员变量 name。为了解决这个问题，Java 中提供了一个关键字 this 来指代当前对象，用于在方法中访问对象的其他成员。

this 关键字

具体案例如下：

```
package cn.itcast05;
class Student{
    private String name;              // 声明姓名属性
    private  int age;                 // 声明年龄属性

    public void setName(String name) {
        this.name=name;
```

```
    }
    public String getName() {
        return name;
    }

    public void setAge(int age) {
        if(age<=0){
            System.out.println(" 您输入的年龄有误！ ");
        } else {
            this.age=age;
        }
    }
    public int getAge() {
        return age;
    }
    public void introduce() {
        System.out.println(" 大家好，我是 "+name+"， 年龄 "+age);
    }
}
public class Example05 {
    public static void main(String[] args) {
        Student stu = new Student();        // 创建学生对象
        stu.setName(" 张三 ");                // 为对象的 name 属性赋值
        stu.setAge(-18);                    // 为对象的 age 属性赋值
        stu.introduce();                    // 调用对象的方法
    }
}
```

运行结果如图 3 - 12 所示。

图 3 - 12   运行结果

在上述代码中，setName() 方法的参数被定义为 name，它是一个局部变量，在类中还定义了一个成员变量，名称也是 name。在 setName() 方法中，如果使用 " name"，则是访问局部变量，但如果使用 this.name，则是访问成员变量。同理 age 也是。

多学一招：快速生成 get 和 set 方法

在菜单栏选择【 Code 】→【 Generate 】，再选择【 Getter and Setter 】，勾选【 name 】和【 age 】，单击【 OK 】按钮。就能帮助我们快速生成 get 和 set 方法，如图 3 - 13 所示。

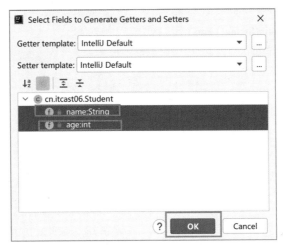

图 3 - 13　快速生成 get 和 set 方法

也可以在代码空白区域右击【Generate】，选择【Getter and Setter】，勾选【name】和【age】，单击【OK】按钮。通常，这种方式更常用。

3.4　构造方法

实例化一个对象后，如果要为这个对象中的属性赋值，则必须通过直接访问对象的属性或调用 setter 方法才可以。如果需要在实例化对象时为这个对象的属性赋值，可以通过构造方法实现。构造方法（也被称为构造器）是类的一个特殊成员方法，在类实例化对象时自动调用。

3.4.1　构造方法的定义

构造方法是一个特殊的成员方法，在定义时，有以下几点需要注意：

（1）方法名和类名相同。

（2）构造方法名称前不能有任何返回值类型的声明。

（3）不能在构造方法中使用 return 返回一个值，但是可以单独写 return 语句作为方法的结束。

接下来通过一个案例 Example06 来演示如何在类中定义构造方法：

在类中定义构造
方法

```
package cn.itcast06;
class Student{
    // 下面是类的构造方法
    public Student(){
        System.out.println(" 无参的构造方法被调用了 ...");
    }

}
```

```
public class Example06 {
    public static void main(String[] args) {
        Student s=new Student();  // 实例化 Student 对象
    }
}
```

运行结果如图 3 – 14 所示。

图 3 – 14   运行结果

Example06 案例中的 Student 类定义了一个无参的构造方法 Student()，从运行结果可以看出，Student 类中无参的构造方法被调用了。这是因为在实例化 Student 对象时会自动调用该类的构造方法，"new Student()"语句的作用除了会实例化 Student 对象，还会调用构造方法 Student()。

多学一招：快速生成无参的构造方法

在最上方的菜单栏，选择【code】→【Generate】，然后选择【Constructor】。在图 3 – 15 所示界面中，选择【cn.itcast08.Student】，单击【OK】按钮。

图 3 – 15   快速生成无参的构造方法

或者在代码空白区域右击，选择【Generate】，再选择【Constructor】，一般来说，第二种快捷方式更常用。

在一个类中除了定义无参的构造方法外，还可以定义有参的构造方法，通过有参的构造方法可以实现对属性的赋值。接下来通过案例 Example07 演示有参构造方法的定义与调用：

```java
package cn.itcast07;
class Student{
    private String name;
    private int age;
    public Student(String name,int age){
        this.name=name;
        this.age=age;
    }
    public void introduce(){
        System.out.println(" 我是："+name+"，年龄："+age);
    }
}
public class Example07 {
    public static void main(String[] args) {
        Student s=new Student(" 张三 ",18);              // 实例化 Student 对象
        s.introduce();
    }
}
```

运行结果如图 3-16 所示。

图 3-16　运行结果

从 Example07 案例中可以看出，Student 类增加了私有属性 name 和 age，并且定义了有参的构造方法 Student (String name, int a)。在实例化 Student 对象时，会调用有参的构造方法，并传入参数"张三"和"18"，分别赋值给 name 和 age。

由运行结果可以看出，s 对象在调用 introduce() 方法时，name 属性已经被赋值为张三，age 属性已经被赋值为 18。

多学一招：快速生成有参的构造方法

在最上方的菜单栏，选择【Code】→【Generate】，再选择【Constructor】。

选择【name】和【age】，然后单击【OK】按钮，如图 3 – 17 所示，就会自动生成带"name"和"age"两个参数的构造方法了。

图 3 – 17　快速生成有参的构造方法

或者直接在代码空白区域右击，选择【Generate】，然后选择【Constructor】，也会出现图 3 – 17 所示界面，一般来说，第二种方法更常用。

3.4.2　构造方法的重载

与普通方法一样，构造方法也可以重载，在一个类中可以定义多个构造方法，只要每个构造方法的参数或参数个数不同即可。在创建对象时，可以通过调用不同的构造方法为不同的属性赋值。

接下来通过案例 Example08 来学习构造方法的重载：

```java
package cn.itcast08;
class Student{
    private String name;
    private int age;

    public Student(String name) {
        this.name = name;
    }

    public Student(String name, int age) {
```

```
        this.name = name;
        this.age = age;
    }

    public void introduce(){
        System.out.println(" 我是： "+name+", 年龄： "+age);
    }
}
public class Example08 {
    public static void main(String[] args) {
        Student s1=new Student(" 张三 ");
        Student s2=new Student(" 张三 ",18);          // 实例化 Student 对象
        s1.introduce();
        s2.introduce();
    }
}
```

运行结果如图 3 – 18 所示。

```
Run:    Example08 ×
        D:\develop\Java\jdk1.8.0_201\bin\java.exe ...
        我是：张三,年龄: 0
        我是：张三,年龄: 18

        Process finished with exit code 0
```

图 3 – 18   运行结果

上述代码中，声明了 Student 类的两个重载的构造方法。在 main() 方法中，创建 s1 对象和 s2 对象时，根据传入参数个数不同，s1 调用了只有一个参数的构造方法；s2 调用的是有两个参数的构造方法。

注：在图 3 – 17 中只选【 name 】，单击【 OK 】按钮，就可以快捷产生只有 name 的构造方法。

多学一招：默认构造方法

默认构造方法

任务 3-1   多功能手机

任务介绍

1. 任务描述

随着科技的发展，手机的使用已经普及到每个人，手机的属性越来越强大，功能也越来越多，人们在生活中越来越依赖于手机。

使用所学知识编写一个手机属性及功能分析程序设计，测试各个手机的属性及功能。使用手机时，输出当前手机的各个属性参数以及正在使用的功能。

2. 运行结果

任务运行结果如图 3 - 19 所示。

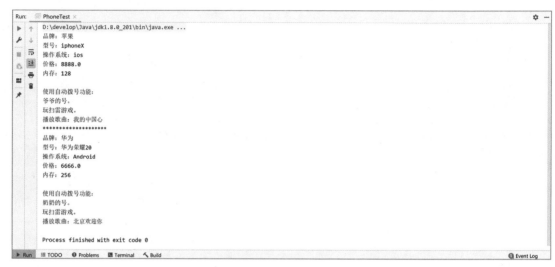

图 3 - 19　运行结果

任务目标

- 学会分析"手机属性及功能分析"程序任务实现的逻辑思路。
- 能够独立完成"手机属性及功能分析"程序的源代码编写、运行及编译。
- 理解和掌握面向对象的设计过程。
- 掌握类的结构和定义过程。
- 掌握构造方法及其重载。
- 掌握对象的创建和使用。

任务分析

（1）通过任务描述可知，需要定义一个手机类 Phone 实现手机的概念。

（2）手机具有属性：品牌（brand）、型号（type）、价格（price）、操作系统（os）和内存（memory）。因此，需要在手机类中定义品牌（brand）、型号（type）、价格（price）、操作系统（os）和内存（memory）的变量。

（3）手机具有功能：查看手机信息［about()］、打电话［call（String no)］、玩游戏［playGame()］、下载音乐［downloadMusic()］、播放音乐［playMusic()］。所以，可以定义对应的方法 about()、call()、playGame()、downloadMusic()、playMusic()。

多功能手机

任务实现

任务实现代码请参考二维码显示。

3.5　this 关键字

在 Java 开发中，当成员变量与局部变量发生重名问题时，需要使用到 this 关键字分辨成员变量与局部变量。Java 中的 this 关键字语法比较灵活，其主要作用主要有以下 3 种：

（1）使用 this 关键字调用本类中的属性。

（2）使用 this 关键字调用成员方法。

（3）使用 this 关键字调用本类的构造方法。

3.5.1　使用 this 关键字调用本类中的属性

在 3.3 和 3.4 中已经使用过 this 关键字，也讲解了使用 this 关键字解决局部变量和成员变量的冲突问题，这里就不再讲述了。如有疑问，请参照 3.3.2 小节中的补充知识，即使用 this 关键字调用本类的属性。

3.5.2　使用 this 关键字调用成员方法

通过 this 关键字调用成员方法，具体示例代码如下：

```java
class Student {
    public void openMouth() {
        ...
    }
    public void read() {
        this.openMouth();
    }
}
```

在上面的 read() 方法中，使用 this 关键字调用 openMouth() 方法。此处的 this 关键字也可以省略不写。

3.5.3　使用 this 关键字调用本类的构造方法

构造方法是在实例化对象时被 Java 虚拟机自动调用，在程序中不能像调用其他成员方法一样调用构造方法，但可以在一个构造方法中使用 "this(参数 1, 参数 2, ...)" 的形式调用其他的构造方法。接下来通过一个案例演示使用 this 关键字调用构造方法：

```java
package cn.itcast9;
class Student {
    private String name;
    private int age;
    public Student () {
        System.out.println(" 实例化了一个新的 Student 对象。");
    }
```

```
    public Student (String name,int age) {
        this();                                    // 调用无参的构造方法
        this.name = name;
        this.age = age;
    }
    public String read(){
        return " 我是： "+name+", 年龄： "+age;
    }
}
public class Example9 {
    public static void main(String[] args) {
        Student stu = new Student (" 张三 ",18);     // 实例化 Student 对象
        System.out.println(stu.read());
    }
}
```

运行结果如图 3 – 20 所示。

图 3 – 20　运行结果

上述案例提供了两个构造方法，其中，有两个参数的构造方法使用 this() 的形式调用本类的无参构造方法。由图 3 – 16 可知，无参构造方法和有参构造方法均调用成功。

在使用 this 调用类的构造方法时，应注意以下几点：

（1）只能在构造方法中使用 this 调用其他的构造方法，不能在成员方法中通过 this 调用其他构造方法。

（2）在构造方法中，使用 this 调用构造方法的语句必须位于第一行，且只能出现一次。下面程序的写法是错误的：

```
public Student(String name) {
    System.out.println(" 有参的构造方法被调用了。");
    this(name);                          // 不在第一行，编译错误！
}
```

（3）不能在一个类的两个构造方法中使用 this 互相调用，错误程序如下：

```
class Student {
    public Student () {
        this(" 张三 ");     // 调用有参构造方法
        System.out.println(" 无参的构造方法被调用了。");
    }
    public Student (String name) {
```

```
        this();              // 调用无参构造方法
        System.out.println(" 有参的构造方法被调用了。");
    }
}
```

3.6 代码块

3.6.1 普通代码块

普通代码块就是直接在方法或是语句中定义的代码块，具体示例如下：

```
public class Example10 {
    public static void main(String[] args) {
        {
            int age=18;
            System.out.println(" 这是普通代码块，age:"+age);
        }
        int age=30;
        System.out.println("age： "+age);
    }
}
```

运行结果如图 3 - 21 所示。

图 3 - 21　运行结果

在上述代码中，每一对 "{}" 括起来的代码都称为一个代码块。Example11 是一个大的代码块，在 Example10 代码块中包含了 main() 方法代码块，在 main() 方法中又定义了一个局部代码块，局部代码块对 main() 方法进行了 "分隔"，起到了限定作用域的作用。局部代码块中定义了变量 age，main() 方法代码块中也定义了变量 age，但由于两个变量处在不同的代码块，作用域不同，因此并不相互影响。

3.6.2 构造代码块

讲构造代码块之前我们先学习一个案例：

```
package cn.itcast11;
class Student{
```

```
        String name;
        public Student(){                        // 无参构造
            System.out.println(" 我是无参构造 ");
            System.out.println(" 我爱 java");
        }
        // 构造方法
        public Student(String name){             // 有参构造
            System.out.println(" 我是有参构造 ");
            System.out.println(" 我爱 java");
            this.name=name;

        }
    }
    public class Example11 {
        public static void main(String[] args) {
            Student stu1 = new Student();
            System.out.println("************");
            Student stu2 = new Student(" 张三 ");
        }

    }
```

运行结果如图 3 – 22 所示。

图 3 – 22　运行结果

上述案例中，无参的和有参的构造方法，都会输出 "我爱 java"，有重复语句，所以我们将代码抽取，形成构造代码块。

构造代码块是直接在类中定义的代码块，用来提取构造方法中的共性，每次创建对象都会执行，并且在构造方法之前执行。接下来通过一个案例演示构造代码块的作用：

```
    package cn.itcast13;
    class Student{
        String name;                             // 成员属性
        {
            System.out.println(" 我是构造代码块 ");   // 与构造方法同级
        }
        // 构造方法
        public Student(){
```

```
        System.out.println(" 我是 Student 类的构造方法 ");
    }
}
public class Example13 {
    public static void main(String[] args) {
        Student stu1 = new Student();
        Student stu2 = new Student();
    }
}
```

运行结果如图 3 – 23 所示。

图 3 – 23　运行结果

由运行结果可以得出以下两点结论：

（1）在实例化 Student 类对象 stu1、stu2 时，构造块的执行顺序大于构造方法（这里和构造块写在前面还是后面没有关系）。

（2）每当实例化一个 Student 类对象，都会在执行构造方法之前执行构造代码块。

3.7　static 关键字

在定义一个类时，只是在描述某事物的特征和行为，并没有产生具体的数据。只有通过 new 关键字创建该类的实例对象时，才会开辟栈内存及堆内存。在堆内存中要保存对象的属性时，每个对象会有自己的属性。如果希望某些属性被所有对象共享，就必须将其声明为 static 属性。如果属性使用了 static 关键字进行修饰，则该属性可以直接使用类名称进行调用。除了修饰属性，static 关键字还可以修饰成员方法。

3.7.1　静态属性

在学习静态属性之前，先来看一个案例：

```
package cn.itcast14;
class Student{
    String name;
    int age;
    String school;
```

```
        public void introduce(){
            System.out.println(" 姓名：" +name+", 年龄：" +age+", 学校：" +school);
        }
    }
    public class Example14 {
        public static void main(String[] args) {

            Student stu1=new Student();
            stu1.name=" 张三 ";
            stu1.age=18;
            stu1.school="A 大学 ";
            stu1.introduce();
            System.out.println("*************");
            Student stu2=new Student();
            stu2.name=" 李四 ";
            stu2.age=19;
            stu2.school="A 大学 ";
            stu2.introduce();
        }
    }
```

运行结果如图 3 - 24 所示。

图 3 - 24　运行结果

上述案例中，张三和李四这两个对象的学校都是" A 大学"，假如说有 1 000 个同学，那么就需要创建 1 000 个这样的对象，并且赋值这个毕业院校 1 000 次，太麻烦了。当我们看到这种重复的东西，就想能不能对它进行抽取，能不能对它进行共享，这时，就需要使用 static 关键字修饰 school 属性，将其变为公共属性。这样，school 属性就只会分配一块内存空间，被 Student 类的所有对象共享。

我们给 school 属性前面添加关键字，具体案例如下：

```
package cn.itcast15;
class Student{
    String name;
    int age;
    static String school;

    public void introduce(){
```

```
        System.out.println(" 姓名： "+name+", 年龄： "+age+", 学校： "+school);
    }
}

public class Example15 {
    public static void main(String[] args) {

        Student stu1=new Student();
        stu1.name=" 张三 ";
        stu1.age=18;
        stu1.school="A 大学 ";
        stu1.introduce();

        System.out.println("*************");

        Student stu2=new Student();
        stu2.name=" 李四 ";
        stu2.age=19;
        // stu2.school="A 大学 ";
        stu2.introduce();

    }
}
```

运行结果如图 3 - 25 所示。

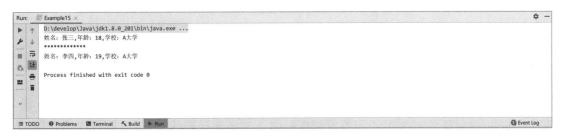

图 3 - 25　运行结果

在上述代码中，我们给 school 添加了 static 关键字，并且注释了对李四这个对象学校的赋值，但是从运行结果可以看出，李四这个对象的学校也能够显示 "A 大学"。

在一个 Java 类中，可以使用 static 关键字来修饰成员变量，该变量被称为静态变量。

static 被所有的对象共享，所以它不属于某个特定的对象，因此我们可以在创建对象之前使用 "类名 . 变量名" 来调用静态属性，即 Student.school= "A 大学"。

成员变量是属于对象的，而 static 所修饰的成员变量属于对象吗？答案否，它并不属于特定的对象，它是随着类的加载而加载，优先于对象存在。内存分配如图 3 - 26 所示。

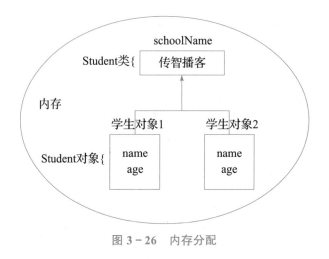

图 3 – 26　内存分配

注意：

static 关键字只能用于修饰成员变量，不能用于修饰局部变量，否则编译会报错。

```
public class Student{
    public void study(){
        static int num=10;          // 这行是非法的，编译会报错
    }
}
```

3.7.2　静态方法

在实际开发时，开发人员有时会希望在不创建对象的情况下就可以调用某个方法，换句话说也就是使该方法不必和对象绑在一起。要实现这样的效果，只需要在类中定义的方法前加上 static 关键字即可，通常称这种方法为静态方法。同静态变量一样，静态方法可以使用"类名 . 方法名"的方式来访问，也可以通过类的实例对象来访问。接下来通过一个案例来学习静态方法的使用：

```
class Student {
    public static void sayHello() {          // 定义静态方法
        System.out.println("hello");
    }
}

public class Example16 {
    public static void main(String[] args) {
        // 1. 类名 . 方法名的方式调用静态方法
        Student.sayHello();
```

```
        // 2. 实例化对象的方式来调用静态方法
        Student stu = new Student();
        stu.sayHello();
    }
}
```

运行结果如图 3-27 所示。

图 3-27 运行结果

在一个静态方法中只能访问用 static 修饰的成员，原因在于没有被 static 修饰的成员需要先创建对象才能访问，而静态方法在被调用时可以不创建任何对象。

3.7.3 静态代码块

在 Java 类中，静态代码块和构造代码的位置一样，都在类中，只不过前面多了一个关键字 static。当类被加载时，静态代码块会执行，由于类只加载一次，因此静态代码块只执行一次。在程序中，通常使用静态代码块对类的成员变量进行初始化，比如加载驱动。

```
package cn.itcast17;
class Student{
    String name;                  // 成员属性
    {
        System.out.println(" 我是构造代码块 ");
    }
    static {
        System.out.println(" 我是静态代码块 ");
    }
    public Student(){             // 构造方法
        System.out.println(" 我是 Student 类的构造方法 ");
    }
}
public class Example17 {
    public static void main(String[] args) {
        Student stu1 = new Student();
        Student stu2 = new Student();
```

```
        Student stu3 = new Student();
    }
}
```

运行结果如图 3 - 28 所示。

图 3 - 28 运行结果

从运行结果可以看出，代码块的执行顺序为静态代码块、构造代码块、构造方法。
static 修饰的量会随着 class 文件一同加载，属于优先级最高的。在 main() 方法中创建了
3 个 Student 对象，但在 3 次实例化对象的过程中，静态代码块中的内容只输出了一次，
这就说明静态代码块在类第一次使用时才会被加载，并且只会加载一次。

任务 3-2 银行存取款

任务介绍

1. 任务描述

编写一个银行现金业务办理程序，使其模拟新用户到银行办理现金存取业务时的场
景。要求此场景中，要模拟出银行对用户到来的欢迎动作，对用户离开的提醒动作，以
及用户的开户、存款和取款动作，在完成开户、存款和取款操作后，要提示用户的账户
余额。例如，一个新用户来到招商银行，首先银行要表示欢迎，然后银行工作人员会需
要用户输入正确的密码和取款金额，且取款金额需小于当前账户余额。当业务办理完，
用户离开银行，银行提醒用户携带好随身财物。至此银行新用户现金业务办理结束。

2. 运行结果

任务运行结果如图 3 - 29 所示。

图 3 - 29 运行结果

任务目标

◆ 学会分析"银行新用户现金业务办理"程序任务实现的逻辑思路。

◆ 能够独立完成"银行新用户现金业务办理"程序的源代码编写、运行及编译。

◆ 学会构造方法以及 this 关键字的使用。

◆ 学会静态变量以及静态方法的使用以及调用方法。

任务分析

（1）通过任务描述可知，此需求需要定义一个银行类。当用户去银行办理业务时，相当于办理此银行的账户，所以这个类中要有此银行的账户信息，例如银行的名称、用户的名称、密码、账户余额和交易金额等数据。由于此银行名称不会改变，所以可以使用静态变量来定义银行的名称。

（2）新用户到达银行之后，银行会表示欢迎，所以应该在银行类中定义欢迎方法。欢迎的语句都是一样的，所以此方法可定义为静态方法。

（3）银行表示欢迎之后会为用户办理开户手续，开户相当于创建银行类的实例，所以开户的操作可以写入银行类的构造方法中，开户时需扣除 10 元卡费。

（4）开户之后可以为用户办理存款和取款业务，这两种业务都会改变账户的余额。但是当用户密码输入错误，或取款的金额大于余额时，取款业务不能办理，并提示用户。

（5）用户离开时，银行会提示携带好随身财物，这部分的内容也是不变的，同样使用静态方法输出语句。

（6）编写交易类，在此类中模拟新用户去银行办理现金业务的场景。

任务实现

任务实现代码请参考二维码显示。

银行存款

📑 本章小结

本章详细介绍了面向对象的基础知识。首先介绍了面向对象的思想；其次介绍了类与对象之间的关系，包括类的定义、对象的创建与使用等；接着介绍了类的封装；然后介绍了构造方法，包括构造方法的定义与重载；最后介绍了代码块的使用以及 static 关键字的使用。通过本章的学习，大家已经对 Java 中面向对象的思想有了初步的认识，熟练掌握好这些知识，有助于学习下一章的内容。深入理解面向对象的思想，对以后的实际开发也是大有裨益的。

本章习题

一、填空题

1. 面向对象的三大特征是_____、_____、_____。

2. 定义类的关键字为_____。

3. 针对类、成员方法和属性，Java 提供了 4 种访问控制权限，分别是_____、_____、_____和 default。

4. 静态方法必须使用_____关键字来修饰。

5. 类的封装是指在定义一个类时，将类中的属性私有化，即使用_____关键字来修饰。

二、判断题

1. 在成员方法中出现的 this 关键字，代表的是调用这个方法的对象。（　　　）

2. 静态变量只能在静态方法中使用。（　　　）

3. 与普通方法一样，构造方法也可以重载。（　　　）

4. 私有属性只能在它所在类中被访问，为了能让外界访问私有属性，需要提供一些使用 public 修饰的公有方法。（　　　）

5. 封装就是隐藏对象的属性和实现细节，仅对外提供公有的方法。（　　　）

6. 一个类定义了一个或多个构造方法，则 Java 不提供默认的构造方法。（　　　）

7. 如果定义的类中没有给出构造方法，系统也不会提供构造方法。（　　　）

8. static 修饰的类方法既能被对象调用，又能被类名直接调用。（　　　）

9. 类的成员变量可无须初始化，由系统自动进行初始化。（　　　）

10. 在类体部分定义时，类的构造方法、成员域和成员方法的出现顺序在语法上有严格限制。（　　　）

三、选择题

1. 下列关于 this 的说法中，错误的是（　　　）。

　　A. 只能在构造方法中使用 this 调用其他的构造方法，不能在成员方法中使用

　　B. 在构造方法中，使用 this 调用构造方法的语句必须位于第一行，且只能出现一次

　　C. this 关键字可以用于区分成员变量与局部变量

　　D. this 可以出现在任何方法中

2. 为 AB 类的一个无形式参数无返回值的方法 method 书写方法头，使得使用类名 AB 作为前缀就可以调用它，该方法头的形式为（　　　）。

　　A. static void method()　　　　　　　　　　B. public void method()

　　C. final void method()　　　　　　　　　　D. abstract void method()

3. 下列关于构造方法的描述中，错误的是（　　　）。

　　A. 构造方法的方法名必须和类名一致

　　B. 构造方法不能写返回值类型

　　C. 构造方法可以重载

　　D. 构造方法的访问权限必须和类的访问权限一致

4. 被声明为 private、protected 及 public 的类成员，在类外部可以被访问的成员是（   ）。

    A. 声明为 public 的成员

    B. 声明为 protected 和 public 的成员

    C. 都可以访问

    D. 都不能访问

5. 如果一个类的成员变量只能在所在类中使用，则该成员变量必须使用的修饰是（   ）。

    A. public   B. protected   C. private   D. static

6. 阅读下列程序：

```
class A{
    int x;
    static int y;
    void fac(String s){
        System.out.println(" 字符串： "+s);
    }
}
```

下列选项中描述正确的是（   ）。

    A. x、y 和 s 都是成员变量

    B. x 是实例变量，y 是类变量，s 是局部变量

    C. x 和 y 是实例变量，s 是参数

    D. x、y 和 s 都是实例变量

7. 阅读下列程序：

```
class Test {
    private static String name;
    static {
    name = "World";
    System.out.print (name);
    }
public static void main(String[] args) {
    System.out.print("Hello");
    Test test = new Test();
    }
}
```

下列选项中，程序运行结果是（   ）。

    A. HelloWorld   B. WorldHello   C. Hello   D. World

四、简答题

1. 简述你对面向对象的三大特征的理解。

2. 简述成员变量与局部变量的区别。

五、编程题

1. 编写程序，定义一个 Person 类，该类中无参的构造方法中，输出"无参的构造方法被调用了 ..."，在测试类中创建 Person 对象。

2. 定义一个表示学生信息的类 Student，要求如下：

（1）类 Student 的成员变量：

sNO 表示学号；sName 表示姓名；sSex 表示性别；sAge 表示年龄；sJava：表示 Java 课程成绩。

（2）类 Student 带参数的构造方法：

在构造方法中通过形参完成对成员变量的赋值操作。

（3）类 Student 的方法成员：

- getNo()：获得学号；
- getName()：获得姓名；
- getSex()：获得性别；
- getAge() 获得年龄；
- getJava()：获得 Java 课程成绩。

根据类 Student 的定义，创建五个该类的对象，输出每个学生的信息，计算并输出这五个学生 Java 语言成绩的平均值，以及计算并输出他们 Java 语言成绩中的最大值和最小值。

第 **4** 章
面向对象（下）

 教学目标

知识目标

1. 掌握类的继承、方法的重写以及 super 关键字。

2. 掌握 final 关键字的使用。

3. 掌握抽象类与接口的使用。

4. 掌握多态的使用。

5. 了解 Object 类与内部类的使用。

6. 了解什么是异常并掌握其处理方式。

7. 掌握自定义异常的使用。

能力目标

1. 学习创建子类，重写父类，以及在适当场景使用 super 关键字。

2. 学会定义抽象类与接口，理解抽象类与接口的区别，包括抽象类与接口中的成员变量和成员方法特性。

3. 学会利用多态，完成不同对象的表现行为。

4. 学会对异常进行处理。

素质目标

激励学生成长，引导学生成为刚健有为、自强不息的人。

上一章介绍了类与对象的基本用法，本章节继续讲解面向对象的一些高级特性，如继承、抽象和多态等。

4.1 类的继承

4.1.1 继承的概念

在现实生活中，继承一般指的是子女继承父辈的财产。在程序中，继承描述的是事物之间的所属关系，通过继承可以使多种事物之间形成一种关系体系。例如，猫和狗都属于动物，程序中便可以描述为猫和狗继承自动物，同理，波斯猫和巴厘猫继承猫科，而沙皮狗和斑点狗继承自犬科。动物继承关系如图 4－1 所示。

在 Java 中，类的继承是指在一个现有类的基础上去构建一个新的类，构建出来的新类被称为子类，现有类被称为父类。子类继承父类的属性和方法，使得子类对象（实例）具有父类的特征和行为。

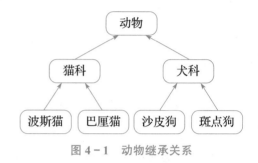

图 4－1　动物继承关系

在程序中，如果想声明一个类继承另一个类，需要使用 extends 关键字，语法格式如下：

```
class 父类 {
…
}
class 子类 extends 父类 {
…
}
```

从上述语法格式可以看出，子类需要使用 extends 关键字实现对父类的继承。下面通过一个案例学习子类如何继承父类：

```
package cn.itcast01;
// 定义 Animal 类
class Animal {
    private String name;              // 定义 name 属性
    private int age;                  // 定义 age 属性
    public String getName() {
        return name;
    }
    public void setName(String name) {
        this.name = name;
    }
    public int getAge() {
        return age;
    }
    public void setAge(int age) {
        this.age = age;
    }
```

```
    }
// 定义 Dog 类继承 Animal 类
class Dog extends Animal {
    // 此处不写任何代码
}
public class Example01 {
    public static void main(String[] args) {
        Dog dog = new Dog();                 // 创建一个 Dog 类的实例对象
        dog.setName(" 牧羊犬 ");              // 此时访问的方法是父类中的，子类中并没有定义
        dog.setAge(3);                       // 此时访问的方法是父类中的，子类中并没有定义
        System.out.println(" 名称："+dog.getName()+", 年龄："+dog.getAge());
    }
}
```

运行结果如图 4 - 2 所示。

图 4 - 2　运行结果

上述代码中，定义了一个 Animal 类和 Dog 类，而 Dog 类中并没有定义任何操作，Dog 类中并没有定义任何操作，而是通过 extends 关键字继承了 Animal 类，成为了 Animal 类的子类。从运行结果可以看出，子类虽然没有定义任何属性和方法，但是却能调用父类的方法。这就说明，子类在继承父类的时候，会自动继承父类的成员。

除了继承父类的属性和方法，子类也可以定义自己的属性和方法。如 Example02 所示：

```
package cn.itcast02;
// 定义 Animal 类
class Animal {
    private String name;                     // 定义 name 属性
    private int age;                         // 定义 age 属性
    public String getName() {
        return name;
    }
    public void setName(String name) {
        this.name = name;
    }
    public int getAge() {
        return age;
    }
```

```
        public void setAge(int age) {
            this.age = age;
        }
    }
    // 定义 Dog 类继承 Animal 类
    class Dog extends Animal {
        private String color;                    // 定义 color 属性
        public String getColor() {
            return color;
        }
        public void setColor(String color) {
            this.color = color;
        }
    }
    // 定义测试类
    public class Example02 {
        public static void main(String[] args) {
            Dog dog = new Dog();                 // 创建一个 Dog 类的实例对象
            dog.setName(" 牧羊犬 ");              // 此时访问的方法是父类中的，子类中并没有定义
            dog.setAge(3);                       // 此时访问的方法是父类中的，子类中并没有定义
            dog.setColor(" 黑色 ");
            System.out.println(" 名称：" +dog.getName()+", 年龄：" +dog.getAge()+
                    ", 颜色：" +dog.getColor());
        }
    }
```

运行结果如图 4-3 所示。

图 4-3 运行结果

在此案例中，Dog 类扩充了 Animal 类，增加了 color 属性、getColor() 和 setColor()
方法。此时的 Dog 类已有 3 个属性和 6 个方法。由运行结果可知，程序成功设置并获取
了 dog 对象的名称、年龄和颜色。

在类的继承中，需要注意一些问题，具体如下：

（1）在 Java 中，类只支持单继承，不允许多重继承。也就是说一个类只能有一个直
接父类，例如下面这种情况是不合法的：

```
class A{}
class B{}
class C extends A,B{}             // C 类不可以同时继承 A 类和 B 类
```

（2）多个类可以继承一个父类，例如下面这种情况是允许的：

```
class A{}
class B extends A{}
class C extends A{}                // B 类和 C 类都可以继承 A 类
```

（3）在 Java 中，多层继承也是可以的，即一个类的父类可以再继承另外的父类。例如，C 类继承自 B 类，而 B 类又可以继承自 A 类，这时，C 类也可称为 A 类的子类。例如下面这种情况是允许的：

```
class A{}
class B extends A{}                // B 类继承 A 类，B 类是 A 类的子类
class C extends B{}                // C 类继承 B 类，C 类是 B 类的子类，同时也是 A 类的子类
```

（4）在 Java 中，子类和父类是一种相对概念，一个类可以是某个类的父类，也可以是另一个类的子类。例如，在第（3）种情况中，B 类是 A 类的子类，同时又是 C 类的父类。

注意，在继承中，子类不能直接访问父类中的私有成员，子类可以调用父类的非私有方法，但是不能调用父类的私有成员。

4.1.2　方法的重写

在继承关系中，子类会自动继承父类中定义的方法，但有时在子类中需要对继承的方法进行一些修改，即对父类的方法进行重写。在子类中重写的方法需要和父类被重写的方法具有相同的方法名、参数列表以及返回值类型，且在子类重写的方法不能拥有比父类方法更加严格的访问权限。

下面通过案例 Example03 讲解方法的重写：

```
package cn.itcast03;
// 定义 Animal 类
class Animal {
    // 定义动物叫的方法
    public void shout() {
        System.out.println(" 动物发出叫声 ");
    }
}
// 定义 Dog 类继承动物类
class Dog extends Animal {
    // 重写父类 Animal 中的 shout() 方法
    public void shout() {
        System.out.println(" 汪汪汪…… ");
    }
}
public class Example03 {
    public static void main(String[] args) {
```

Java 程序设计案例教程

```
        Dog dog = new Dog();        // 创建 Dog 类的实例对象
        dog.shout();                // 调用 dog 重写的 shout() 方法
    }
}
```

运行结果如图 4-4 所示。

图 4-4　运行结果

上述代码中，在 Animal 类中定义了一个 shout() 方法然后定义了一个子类 Dog 类继承了 Animal 类，并在类中重写了父类的 shout() 方法，最后创建并实例化 Dog 类对象 dog，并通过 dog 对象调用 shout() 方法。从图 4-4 可以看出，dog 对象调用的是子类重写的 shout() 方法，而不是父类的 shout() 方法。

> **注意：**
>
> 子类重写父类方法时，不能使用比父类中被重写的方法更严格的访问权限。例如，父类中的方法是 public 权限，子类重写的方法就不能是 private 权限。如果子类在重写父类方法时定义的权限缩小，则在编译时将出现错误提示。

多学一招：重写的快捷方式

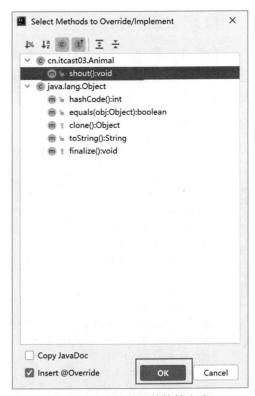

图 4-5　方法重写的快捷方式

将鼠标定位在 Dog 类中，单击 IntelliJ IDEA 上方工具卡中的【Code】按钮，选择下拉框中的【Override Methods…】选项卡，然后弹出想要方法重写的窗口，选择 shout() 方法就可以，如图 4-5 所示。

还有，我们可以在代码的空白区域，右击【Generate】，然后选择【Override Methods】，也可以完成方法的重写。第二种方法更便捷，也更常用。另外，我们也可以

- 140 -

使用【Ctrl+O】快捷键完成方法的重写，建议大家记住常用的快捷键，方便写代码。

4.1.3　super 关键字

当子类重写父类的方法后，子类对象将无法访问父类被重写的方法，为了解决这个问题，Java 提供了 super 关键字，super 关键字可以在子类中调用父类的普通属性、方法以及构造方法。

下面详细讲解 super 关键字的具体用法。

（1）使用 super 关键字访问父类的成员变量和成员方法，具体格式如下：

super. 成员变量
super. 成员方法（参数 1, 参数 2）

下面通过一个案例学习使用 super 关键字访问父类的成员变量和成员方法：

```
package cn.itcast04;
// 定义 Animal 类
class Animal {
    String name = " 动物 ";
    // 定义动物叫的方法
    void shout() {
        System.out.println(" 动物发出叫声 ");
    }
}
// 定义 Dog 类继承动物类
class Dog extends Animal {
    String name=" 犬类 ";
    // 重写父类 Animal 中的 shout() 方法，扩大了访问权限
    public void shout() {
        super.shout();                          // 调用父类中的 shout() 方法
        System.out.println(" 汪汪汪…… ");
    }
    public void printName(){
        System.out.println(" 名字：  "+super.name);   // 调用父类中的 name 属性
    }
}
// 定义测试类
public class Example04 {
    public static void main(String[] args) {
        Dog dog = new Dog();                    // 创建 Dog 类的实例对象
        dog.shout();                            // 调用 dog 重写的 shout() 方法
        dog.printName();                        // 调用 Dog 类中的 printName() 方法
    }
}
```

运行结果如图 4-6 所示。

图 4 - 6　运行结果

上述代码中定义了一个 Animal 类，并在 Animal 类中定义了 name 属性和 shout() 方法，然后定义了 Dog 类并继承了 Animal 类。在 Dog 类的 shout() 方法中使用 "super.shout()" 调用了父类被重写的 shout() 方法。在 printName() 方法中使用 "super.name" 访问父类的成员变量 name。从运行结果中可以看出，子类通过 super 关键字可以成功地访问父类成员变量和成员方法。

（2）使用 super 关键字访问父类中指定的构造方法，具体格式如下：

super(参数 1, 参数 2…)

接下来就通过一个案例学习如何使用 super 关键字调用父类的构造方法：

```java
package cn.itcast05;
// 定义 Animal 类
class Animal {
    // 定义 Animal 类有参的构造方法
    public Animal(String name) {
        System.out.println(" 我是一只 " + name);
    }
}
// 定义 Dog 类继承 Animal 类
class Dog extends Animal {
    public Dog() {
        super(" 沙皮狗 ");          // 调用父类有参的构造方法
    }
}
// 定义测试类
public class Example05 {
    public static void main(String[] args) {
        Dog dog = new Dog();      // 实例化子类 Dog 对象
    }
}
```

运行结果如图 4 - 7 所示。

图 4 - 7　运行结果

上述案例在实例化 Dog 对象时，一定会调用 Dog 类的构造方法。从运行结果可以看出，Dog 类的构造方法被调用时，父类的构造方法也被调用了。

注意，通过 super 调用父类构造方法的代码必须位于子类构造方法的第一行，并且只能出现一次。

super 与 this 关键字的作用非常相似，都可以调用构造方法、普通方法和属性，但是两者之间还是有区别的，super 与 this 的区别见表 4 - 1。

表 4 - 1　super 和 this 的区别

区别点	this	super
属性访问	访问本类中的属性，如果本类中没有该属性，则从父类中查找	访问父类中的属性
方法	访问本类中的方法，如果本类中没有该方法，则从父类中继续查找	直接访问父类中的方法
调用构造	调用本类构造，必须放在构造方法的首行	调用父类构造，必须放在子类构造方法的首行

需要注意的是，this 和 super 两者不可以同时出现，因为 this 和 super 在调用构造方法时都要求必须放在构造方法的首行。

如果将 Example05 案例中第 11 行代码 super(" 沙皮狗 ")；注释掉，IntelliJ IEDA 的编译会报错，如图 4 - 8 所示。

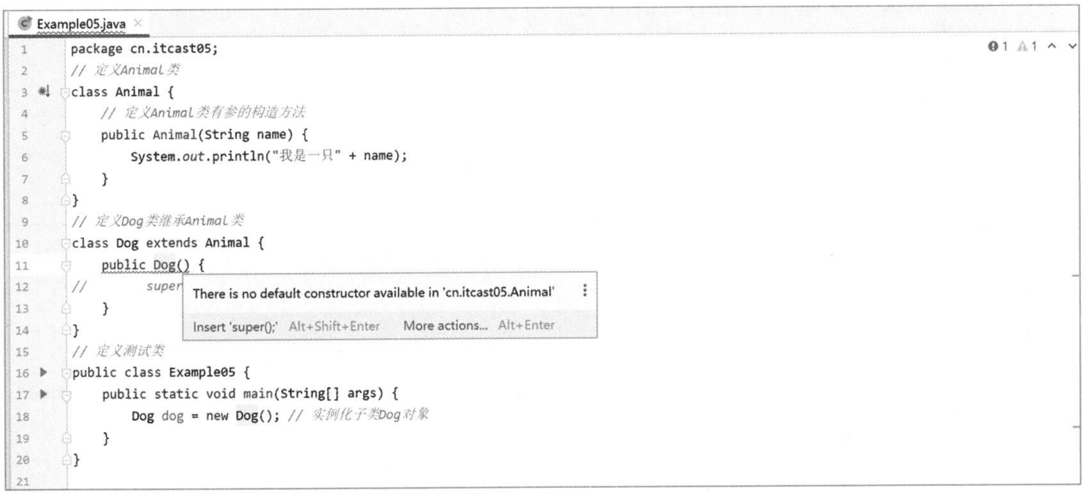

```
     Example05.java ×
1        package cn.itcast05;
2        // 定义Animal 类
3    *    class Animal {
4            // 定义Animal 类有参的构造方法
5            public Animal(String name) {
6                System.out.println("我是一只" + name);
7            }
8        }
9        // 定义Dog 类继承Animal 类
10       class Dog extends Animal {
11           public Dog() {
12   //          super    There is no default constructor available in 'cn.itcast05.Animal'    ⋮
13           }                Insert 'super();'  Alt+Shift+Enter   More actions...  Alt+Enter
14       }
15       // 定义测试类
16   ▶   public class Example05 {
17   ▶       public static void main(String[] args) {
18               Dog dog = new Dog(); // 实例化子类Dog 对象
19           }
20       }
21
```

图 4 - 8　错误提示

在图 4 - 8 中错误提示的意思是隐式的父类构造函数 Animal() 没有被定义，必须显示地调用另一个构造函数。这里出错的原因是，在子类的构造方法中一定会调用父类的某个构造方法。这时可以在子类的构造方法中通过 super 指定调用父类的哪个构造方法，如果没有指定，在实例化子类对象时，会自动调用父类无参的构造方法 Animal()，所以报出了图 4-8 中的错误。

为了解决上述程序的编译错误，可以在子类中调用父类已有的构造方法，如 Example05，当然也可以选择在父类中定义无参的构造方法，如 Example06 所示：

```java
package cn.itcast06;
// 定义 Animal 类
class Animal {
    // 定义 Animal 无参的构造方法
    public Animal(){
        System.out.println(" 我是一只动物 ");
    }
    // 定义 Animal 类有参的构造方法
    public Animal(String name) {
        System.out.println(" 我是一只 " + name);
    }
}
// 定义 Dog 类继承 Animal 类
class Dog extends Animal {
    // 定义 Dog 类无参的构造方法
    public Dog() {
        // 方法中无代码
    }
}
// 定义测试类
public class Example06 {
    public static void main(String[] args) {
        Dog dog = new Dog();      // 创建 Dog 类的实例对象
    }
}
```

运行结果如图 4-9 所示。

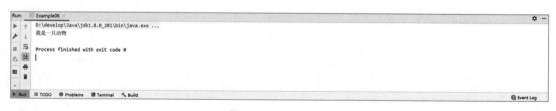

图 4-9　运行结果

4.2　final 关键字

final 的英文意思是"最终"。在 Java 中，可以使用 final 关键字声明类、属性、方法，在声明时需要注意以下几点：

（1）使用 final 修饰的类不能有子类。

（2）使用 final 修饰的方法不能被子类重写。

（3）使用 final 修饰的变量（成员变量和局部变量）是常量，常量不可修改。

下面将对 final 的用法逐一进行讲解。

4.2.1　final 关键字修饰类

Java 中的类被 final 关键字修饰后，该类将不可以被继承，即不能够派生子类。下面通过一个案例进行验证：

```
package cn.itcast07;
// 使用 final 关键字修饰 Animal 类
final class Animal {
    // 方法体为空
}
// Dog 类继承 Animal 类
class Dog extends Animal {
    // 方法体为空
}
// 定义测试类
public class Example07 {
    public static void main(String[] args) {
        Dog dog = new Dog();      // 创建 Dog 类的实例对象
    }
}
```

编译程序报错，如图 4 - 10 所示。

图 4 - 10　Example07 编译报错

当 Dog 类继承使用 final 关键字修饰的 Animal 类时，编译器报 "无法从最终 cn.itcast07.Animal 进行继承" 错误。由此可见，被 final 关键字修饰的类为最终类，不能被其他类继承。

4.2.2　final 关键字修饰方法

当一个类的方法被 final 关键字修饰后，这个类的子类将不能重写该方法。接下来通过一个案例验证：

```
package cn.itcast08;
```

```
// 定义 Animal 类
class Animal {
    // 使用 final 关键字修饰 shout() 方法
    public final void shout() {
    }
}
// 定义 Dog 类继承 Animal 类
class Dog extends Animal {
    // 重写 Animal 类的 shout() 方法
    public void shout() {
    }
}
// 定义测试类
public class Example08 {
    public static void main(String[] args) {
        Dog dog=new Dog();              // 创建 Dog 类的实例对象
    }
}
```

编译程序报错，如图 4-11 所示。

在上述代码中，第 10 行代码在 Dog 类中重写了父类 Animal 中的 shout() 方法，编译报错。这是因为 Animal 类的 shout() 方法被 final 修饰，而被 final 关键字修饰的方法为最终方法，子类不能对该方法进行重写。因此，当在父类中定义某个方法时，如果不希望被子类重写，就可以使用 final 关键字修饰该方法。

图 4-11　Example08 编译报错

4.2.3　final 关键字修饰变量

Java 中被 final 修饰的变量为常量，常量只能在声明时被赋值一次，在后面的程序中，其值不能被改变。如果再次对该常量赋值，则程序会在编译时报错。接下来通过一个案例进行验证：

```
package cn.itcast09;
public class Example09 {
    public static void main(String[] args) {
        final int AGE = 18;        // 第一次可以赋值
        AGE = 20;                  // 再次赋值会报错
    }
}
```

编译程序报错，如图 4 - 12 所示。

图 4 - 12　Example09 编译报错

在 Example09 中，对 AGE 进行第二次赋值时，编译器报错。原因在于使用 final 定义的常量本身不可被修改。

> ⏰ 注意:
>
> 　在使用 final 声明变量时，要求全部的字母大写。如果一个程序中的变量使用 public static final 声明，则此变量将成为全局变量，如下面代码所示：
>
> public static final String NAME = " 哈士奇 ";

4.3　抽象类与接口

4.3.1　抽象类

当定义一个类时，常常需要定义一些成员方法描述类的行为特征，但有时这些方法的实现方式是无法确定的。例如，前面在定义 Animal 类时，shout() 方法用于描述动物的叫声，但是针对不同的动物，叫声也是不同的，因此在 shout() 方法中无法准确描述动物的叫声。

针对上面描述的情况，Java 提供了抽象方法来满足这种需求。抽象方法是使用 abstract 关键字修饰的成员方法，抽象方法在定义时不需要实现方法体。抽象方法的定义格式如下：

abstract void 方法名称（参数）;

当一个类包含了抽象方法，该类必须是抽象类。抽象类和抽象方法一样，必须使用 abstract 关键字进行修饰。

抽象类的定义格式如下：

```
abstract class 抽象类名称 {
    访问权限 返回值类型 方法名称（参数）{
        return [ 返回值 ];
    }
    访问权限 abstract 返回值类型 抽象方法名称（参数）;        //抽象方法，无方法体
}
```

从以上格式可以发现，抽象类的定义比普通类多了一些抽象方法，其他地方与普通类的组成基本上相同。

抽象类的定义规则如下：

（1）包含一个以上抽象方法的类必须是抽象类。

（2）抽象类和抽象方法都要使用 abstract 关键字声明。

（3）抽象方法只需声明而不需要实现。

抽象类的使用

（4）如果一个类继承了抽象类，那么该子类必须实现抽象类中的全部抽象方法。

下面通过一个案例学习抽象类的使用：

```java
package cn.itcast10;
// 定义抽象类 Animal
abstract class Animal {
    // 定义普通方法
    public void eat(){
        System.out.println(" 吃东西 ");
    }
    // 定义抽象方法 shout()
    public abstract void shout();

}
// 定义 Dog 类继承抽象类 Animal
class Dog extends Animal {
    // 实现抽象方法 shout()
    public void shout() {
        System.out.println(" 汪汪 ...");
    }
}
// 定义测试类
public class Example10 {
    public static void main(String[] args) {
        Dog dog = new Dog();            // 创建 Dog 类的实例对象
        dog.shout();                    // 调用 dog 对象的 shout() 方法
        dog.eat();                      // 调用 dog 对象的 eat() 方法
    }
}
```

运行结果如图 4 - 13 所示。

图 4 - 13 运行结果

从运行结果可以看出，子类实现了父类的抽象方法后，可以正常进行实例化，并通过实例化对象调用方法。

> 注意:
>
> 　　使用 abstract 关键字修饰的抽象方法不能使用 private 修饰，因为抽象方法必须被子类实现，如果使用了 private 声明，则子类无法实现该方法。

4.3.2　接口

　　如果一个抽象类的所有方法都是抽象的，则可以将这个类定义为接口。接口是 Java 中最重要的概念之一，接口是一种特殊的类，由全局常量和公共的抽象方法组成，不能包含普通方法。

　　在 JDK8 之前，接口是由全局常量和抽象方法组成的，且接口中的抽象方法不允许有方法体。JDK 8 对接口进行了重新定义，接口中除了抽象方法外，还可以有默认方法和静态方法（也叫类方法），默认方法使用 default 修饰，静态方法使用 static 修饰，且这两种方法都允许有方法体。

　　接口使用 interface 关键字声明，语法格式如下：

```
[public] interface 接口名 [extends 接口 1, 接口 2...] {
    [public] [static] [final] 数据类型 常量名 = 常量值;
    [public] [abstract] 返回值类型 抽象方法名（参数列表）;
    [public] static 返回值类型 方法名（参数列表）{
        // 类方法的方法体
    }
    [public] default 返回值类型 方法名（参数列表）{
        // 默认方法的方法体
    }
}
```

　　在上述语法中，"extends 接口 1, 接口 2..."表示一个接口可以有多个父接口，它们之间使用逗号分隔。Java 使用接口的目的是为了克服单继承的限制，因为一个类只能有一个父类，而一个接口可以同时继承多个父接口。接口中的变量默认使用"public static final"进行修饰，即全局常量。接口中定义的方法默认使用"public abstract"进行修饰，即抽象方法。如果接口声明为 public，则接口中的变量和方法全部为 public。

> 注意:
>
> 　　在很多 Java 程序中，经常看到编写接口中的方法时省略了 public，有很多人认为它的访问权限是 default，这实际上是错误的。不管写不写访问权限，接口中的方法访问权限永远是 public。与此类似，在接口中定义常量时，可以省略前面的"public static final"，此时，接口会默认为常量添加"public static final"。

与抽象类一样，接口的使用必须通过子类，子类通过 implements 关键字实现接口，并且子类必须实现接口中的所有抽象方法。需要注意的是，一个类可以同时实现多个接口，多个接口之间需要使用英文逗号","分隔。

定义接口的实现类，语法格式如下：

```
修饰符 class 类名 implements 接口 1, 接口 2,...{
    ...
}
```

下面通过一个案例学习接口的使用：

```java
package cn.itcast11;
// 定义抽象类 Animal
interface Animal {
    public static final int ID = 1;              // 定义全局常量
    public static final String NAME = " 牧羊犬 ";
    public abstract void shout();                // 定义抽象方法 shout()
    public static int getID(){                   // 定义静态方法 getID()
        return Animal.ID;
    }
    public default void info(){                  // 定义默认方法 info()
        System.out.println(" 名称："+NAME);
    }
}
interface Action {
    // 定义抽象方法 eat()，其默认修饰为 public abstract
    void eat();
}
// 定义 Dog 类实现 Animal 接口和 Action 接口
class Dog implements Animal,Action{
    // 重写 Animal 接口中的抽象方法 shout()
    @Override
    public void shout() {
        System.out.println(" 汪汪 ..");
    }
    // 重写 Action 接口中的抽象方法 eat()
    @Override
    public void eat() {
        System.out.println(" 喜欢吃骨头 ");
    }
}
// 定义测试类
public class Example11 {
    public static void main(String[] args) {
        System.out.println(" 编号 "+Animal.getID());
        Dog dog = new Dog();                     // 创建 Dog 类的实例对象
        dog.info();                              // 调用 Animal 类中的默认方法
        dog.shout();                             // 调用 Dog 类中重写的 shout() 方法
```

```
    dog.eat();                          // 调用 Dog 类中重写的 eat() 方法
  }
}
```

运行结果如图 4 - 14 所示。

图 4 - 14　运行结果

从运行结果可以看出，Dog 类的实例化对象可以访问接口中的常量、实现的接口方法以及本类内部的方法，而接口中的静态方法则可以直接使用接口名调用。需要注意的是，接口的实现类，必须实现接口中的所有抽象方法，否则程序编译报错。

上述案例演示的是类与接口之间的实现关系，在程序中，还可以定义一个接口使用extends 关键字去继承另一个接口，接下来对上述案例稍加修改，演示接口之间的继承关系，修改后的代码如下：

```
package cn.itcast12;
// 定义抽象接口 Animal
interface Animal {
  // 定义抽象方法 shout()，其默认修饰为 public abstract
  void shout();
}
// 定义抽象类 Action
interface Action {
  // 定义抽象方法 eat()，其默认修饰 public abstract
  void eat();
}
// 定义了 LandAnimal 接口
interface LandAnimal extends Animal,Action{
  // 定义抽象方法 eat()，其默认修饰 public abstract
  void liveOnLand();
}
// 定义 Dog 类实现 LandAnimal 接口
class Dog implements LandAnimal{
  // 重写 Animal 接口中的抽象方法 shout()
  public void shout() {
    System.out.println(" 汪汪 ...");
  }
  // 重写 Action 接口中的抽象方法 eat()
  public void eat() {
    System.out.println(" 喜欢吃骨头 ");
  }
```

```
        // 重写 LandAnimal 接口的 liveOnLand() 方法
        public void liveOnLand() {
            System.out.println(" 狗是陆地上的动物。。 ");
        }
    }
    // 定义测试类
    public class Example12 {
        public static void main(String[] args) {
            Dog dog = new Dog();              // 创建 Dog 类的实例对象
            dog.shout();                      // 调用 Dog 类中重写的 shout() 方法
            dog.eat();                        // 调用 Dog 类中重写的 eat() 方法
            dog.liveOnLand();                 // 调用 Dog 类中重写的 liveOnLand() 方法
        }
    }
```

运行结果如图 4 - 15 所示。

图 4 - 15 运行结果

上述案例定义了 3 个接口，其中 LandAnimal 接口继承了 Animal 接口和 Action 接口，因此 LandAnimal 接口包含了 3 个抽象方法。当 Dog 类实现 LandAnimal 接口时，需要实现 3 个接口定义的 3 个抽象方法。

为了加深初学者对接口的认识，接下来对接口的特点进行归纳，具体如下：

（1）接口中的方法都是抽象的，不能实例化对象。

（2）接口中的属性只能是常量。

（3）当一个类实现接口时，如果这个类是抽象类，则实现接口中的部分方法即可，否则需要实现接口中的所有方法。

（4）一个类通过 implements 关键字实现接口时，可以实现多个接口，被实现的多个接口之间要用逗号隔开。具体示例如下：

```
interface Run {
    程序代码 ...
}
interface Fly {
    程序代码 ...
}
class Bird implements Run, Fly {
    程序代码 ...
}
```

（5）一个接口可以通过 extends 关键字继承多个接口，接口之间用逗号隔开。具体示例如下：

```
interface Running {
    程序代码 ...
}
interface Flying {
    程序代码 ...
}
interface Eating extends Runnng, Flying {
    程序代码 ...
}
```

（6）一个类在继承另一个类的同时还可以实现接口，此时，extends 关键字必须位于 implements 关键字之前。具体示例如下：

```
class Dog extends Canidae implements Animal {   // 先继承，再实现
    程序代码 ...
}
```

4.4 多态

通过前面的学习，大家已经掌握了面向对象中的封装和继承特性，下面将对面向对象的多态进行详细讲解。

4.4.1 对象的类型转换

对象类型转换主要分为以下两种情况：
（1）向上转型：子类对象→父类对象。
（2）向下转型：父类对象→子类对象。

1. 向上转型

对于向上转型，程序会自动完成。

对象向上转型的格式如下：

父类类型 父类对象 = 子类实例；

例如：

Animal an=new Dog();

对于向上转型我们可以记住一句话"父类变量引用子类对象"。

下面通过一个案例介绍如何进行对象的向上转型操作：

```
package cn.itcast13;
// 定义 Animal 接口
```

```
interface Animal {
    // 定义抽象方法 shout(), 默认 public abstract 修饰
    void shout();
}
// 定义 Dog 类实现 Animal 接口
class Dog implements Animal {
    // 实现抽象方法 shout()
    public void shout() {
        System.out.println(" 汪汪……");
    }
    // 定义 eat() 方法
    void eat() {
        System.out.println(" 吃骨头……");
    }
}
// 定义测试类
public class Example13 {
    public static void main(String[] args) {
        Animal an=new Dog();      // 此处发生了向上转型，子类→父类
        an.shout();
//      an.eat(); 出错，不能调用子类的特有方法
    }

}
```

运行结果如图 4 - 16 所示。

图 4 - 16　运行结果

从程序的运行结果中可以发现，虽然是使用父类变量 an 调用了 shout() 方法，但实际上调用的是被子类重写过的 shout() 方法。也就是说，如果对象发生了向上转型关系后，所调用的方法一定是被子类重写过的方法。

需要注意的是，此时不能通过父类变量去调用子类中的特有方法。编译时期看的是父类方法，运行动态绑定子类方法，这叫作"编译看左边，运行看右边"。如上述案例，父类变量 an 在编译时期看的是父类，然而父类没有 eat() 方法，所以编译时报错。

2. 向下转型

对象向下转型时必须指明要转型的子类类型，格式如下：

父类类型 父类对象 = 子类实例；
子类类型 子类对象 =（子类）父类对象；

例如：

```
Animal an=new Dog();
Dog d=（Dog）an;
```

在进行对象的向下转型前，必须发生对象向上转型，否则将出现对象转换异常。接下来通过一个案例演示对象进行向下转型：

```
package cn.itcast14;
// 定义类 Animal
abstract class Animal {
    public abstract void shout();
}
// Dog 类
class Dog extends Animal {
    // 重写 shout() 方法
    public void shout() {
        System.out.println(" 汪汪……");
    }
    public void eat() {
        System.out.println(" 吃骨头……");
    }
}
// 定义测试类
public class Example14 {
    public static void main(String[] args) {
        Animal an = new Dog();          // 此时发生了向上转型，子类→父类
        Dog dog = (Dog)an;              // 此时发生了向下转型
        dog.shout();
        dog.eat();
    }
}
```

运行结果如图 4 - 17 所示。

图 4 - 17　运行结果

由运行结果可以看出，dog 对象调用 shout() 方法，由于 Animal 类的 shout() 方法已被子类 Dog 类重写，因此 dog 对象调用的方法是被子类重写过的方法，即 "汪汪……"。此时，dog 可以调用子类特有方法 eat() 方法，编译不会报错。

4.4.2　多态概述

在设计一个方法时，通常希望该方法具备一定的通用性。例如要实现一个动物叫的方法，由于每种动物的叫声是不同的，因此可以在方法中接收一个动物类型的参数，当传入猫类对象时就发出猫类的叫声，传入犬类对象时就发出犬类的叫声。在同一个方法中，这种由于参数类型不同而导致执行效果各异的现象就是多态。继承是多态得以实现的基础。

在 Java 中为了实现多态，允许使用一个父类类型的变量来引用一个子类类型的对象（其实就是向上转型），根据被引用子类对象特征的不同，得到不同的运行结果。在程序中多态一般体现在父类或者接口的引用接收自己的子类对象。接下来通过一个案例来演示多态的使用：

```
package cn.itcast15;
// 定义 Animal 接口
interface Animal {
    // 定义抽象方法 shout(),默认 public abstract 修饰
    void shout();
}
// 定义 Dog 类实现 Animal 接口
class Dog implements Animal {
    // 实现抽象方法 shout()
    public void shout() {
        System.out.println(" 汪汪……");
    }
}
class Cat implements Animal{
    // 实现抽象方法 shout()
    public void shout() {
        System.out.println(" 喵喵……");
    }
}
// 定义测试类
public class Example15 {
    public static void main(String[] args) {
        Dog dog=new Dog();        // 创建 Dog 类的实例对象
        Cat cat=new Cat();        // 创建 Cat 类的实例对象
        animalShout(dog);         // 调用 animalShout() 方法，将 dog 作为参数传入
        animalShout(cat);         // 调用 animalShout() 方法，将 cat 作为参数传入
    }
    // 定义静态方法 animalShout()，接收一个 Animal 类型的参数
    public static void animalShout(Animal animal){
        animal.shout();
    }
}
```

运行结果如图 4 - 18 所示。

图 4 – 18　运行结果

上述案例体现了多态的好处，我们只需写一个 animalShout() 方法，就能使用父类参数接收不同的子类对象，从而输出不同的结果。

4.4.3　instanceof 关键字

Java 中可以使用 instanceof 关键字判断一个对象是否是某个类（或接口）的实例，语法格式如下所示：

对象 instanceof 类（或接口）

在上述格式中，如果对象是指定的类的实例对象，则返回 true，否则返回 false。接下来通过一个案例演示 instanceof 关键字的用法：

```java
package cn.itcast16;
// 定义类 Animal
class Animal {
    public void shout(){
        System.out.println(" 动物叫……");
    }
}
// Dog 类
class Dog extends Animal {
    // 重写 shout() 方法
    public void shout() {
        System.out.println(" 汪汪……");
    }
    public void eat() {
        System.out.println(" 吃骨头……");
    }
}
// 定义测试类
public class Example16 {
    public static void main(String[] args) {
        Animal a1 = new Dog();              // 通过向上转型实例化 Animal 对象
        System.out.println("Animal a1 = new Dog()："+(a1 instanceof Animal));
        System.out.println("Animal a1 = new Dog()："+(a1 instanceof Dog));
        Animal a2 = new Animal();           // 实例化 Animal 对象
        System.out.println("Animal a1 = new Animal()："+(a2 instanceof Animal));
        System.out.println("Animal a1 = new Animal()："+(a2 instanceof Dog));
    }
}
```

运行结果如图 4 – 19 所示。

图 4 – 19　运行结果

任务 4-1　图形的面积与周长计算

任务介绍

1. 任务描述

长方形和圆形都属于几何图形,都有周长和面积,并且它们都有自己的周长和面积计算公式。使用抽象类的知识设计一个程序,可以计算不同图形的面积和周长。

2. 运行结果

运行结果如图 4 – 20 所示。

图 4 – 20　运行结果

任务目标

* 掌握"图形的面积与周长计算程序设计"的实现思路。
* 独立完成"图形的面积与周长计算程序设计"的源代码编写、编译及运行。
* 理解和掌握面向对象的设计过程。
* 掌握抽象类及抽象方法的使用。

任务分析

(1)定义父类 Shape 作为抽象类,并在类中定义抽象方法求周长和面积。

(2)定义 Shape 子类—圆形类(Circle),具有半径属性和常量 PI,同时必须实现父类中的抽象方法。

(3)定义 Shape 子类—长方形类(Rectangle),具有长和宽的属性,同时必须实现父类的抽象方法。

（4）创建图形面积周长计算器（ShapeCalculate），具有计算不同图形面积和周长的方法。

（5）创建测试类 TestShape 类，在其 main() 方法中对 ShapeCalculate 计算面积和周长方法进行测试。

计算不同图形的
面积与周长

任务实现

任务实现代码请参考二维码显示。

任务 4-2 模拟物流快递系统程序设计

任务介绍

1. 任务描述

网购已成为人们生活的重要组成部分。人们在购物网站中下订单，订单中的货物就会在经过一系列的流程后，送到客户的手中。在送货期间，物流管理人员还可以在系统中查看所有物品的物流信息。编写一个模拟物流快递系统的程序，模拟后台系统处理货物的过程。

2. 运行结果

运行结果如图 4-21 所示。

图 4-21　运行结果

任务目标

- 学会分析"模拟物流快递系统程序设计"任务实现的逻辑思路。
- 能够独立完成"模拟物流快递系统程序设计"的源代码编写、编译及运行。
- 掌握面向对象封装、继承和多态的概念和使用。
- 掌握抽象类和接口的使用。

任务分析

（1）运输货物首先需要有交通工具，所以需要定义一个交通工具类。由于交通工具可能有很多，所以可以将该交通工具类定义成一个抽象类，类中需要包含该交通工具的编号、型号以及运货负责人等属性，还需要定义一个抽象的运输方法。

（2）当运输完成后，需要对交通工具进行保养，所以需要定义保养接口，具备交通工具的保养功能。

（3）交通工具可能有很多种，这里可以定义一个专用运输车类，该类需要继承交通工具类，并实现保养接口。

（4）有了运输的交通工具后，就可以开始运送货物了。货物在运输前、运输时和运输后，都需要检查和记录，并且每一个快递都有快递单号，这时可以定义一个快递任务类包含快递单号和货物重量的属性，以及送前、发送货物途中和送后的方法。

（5）在货物运输过程中，需要对运输车辆定位，以便随时跟踪货物的位置信息。定位功能可以使用 GPS，而考虑到能够实现定位功能的设备可能有很多（如手机、专用定位仪器等），这时可以定义一个包含定位功能的 GPS 接口，以及实现了该接口的仪器类（如 Phone 等）。

（6）编写测试类，运行查看结果。

任务实现

任务实现代码请参考二维码显示。

模拟物流快递
系统

4.5　一切类的祖先——Object

Java 提供了一个 Object 类，它是所有类的父类，每个类都直接或间接继承 Object 类，因此 Object 类通常被称之为超类。当定义一个类时，如果没有使用 extends 关键字为这个类显式地指定父类，那么该类会默认继承 Object 类。Object 类中的常用方法见表 4-2。

表 4-2　Object 类中的常用方法

方法名称	方法说明
boolean equals()	判断两个对象是否"相等"
int hashCode()	返回对象的哈希码值
String toString()	返回对象的字符串表示形式

了解 Object 类的常用方法后，下面通过一个示例演示 Object 类中 toString() 方法的使用：

```
package cn.itcast17;
// 定义 Animal 类
class Animal {
    // 定义动物叫的方法
    void shout() {
        System.out.println(" 动物叫！ ");
    }
}
// 定义测试类
public class Example17 {
    public static void main(String[] args) {
        Animal animal = new Animal();              // 创建 Animal 类对象
        System.out.println(animal.toString());     // 调用 toString() 方法并打印
    }
}
```

运行结果如图 4 - 22 所示。

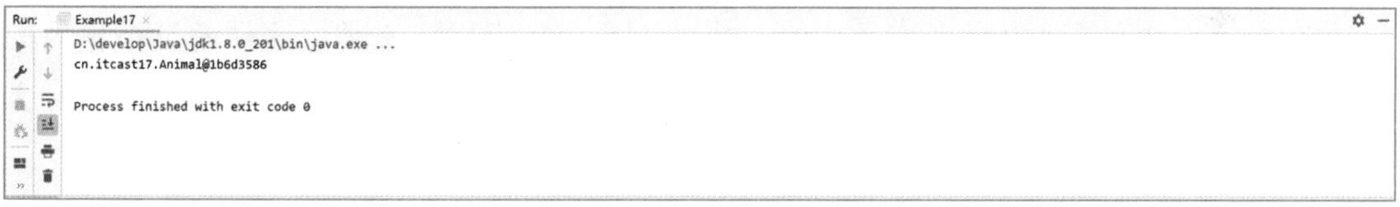

图 4 - 22   运行结果

在上述案例中，虽然 Animal 类并没有定义 toString() 方法，但程序没有报错。这是因为 Animal 默认继承 Object 类，Object 类中定义了 toString() 方法。

在实际开发中，通常希望对象的 toString() 方法返回的不仅仅是基本信息，而是对象特有的信息，这时可以重写 Object 类的 toString() 方法：

```
package cn.itcast18;
// 定义 Animal 类
class Animal {
    // 重写 Object 类的 toString() 方法
    public String toString(){
        return " 这是一个动物。 ";
    }
}
// 定义测试类
public class Example18 {
    public static void main(String[] args) {
        Animal animal = new Animal();              // 创建 Animal 类对象
        System.out.println(animal.toString());     // 调用 toString() 方法并打印
    }
}
```

运行结果如图 4 - 23 所示。

图 4 - 23　运行结果

4.6　内部类

在 Java 中，允许在一个类的内部定义类，这样的类称为内部类，内部类所在的类称为外部类。在实际开发中，根据内部类的位置、修饰符和定义方式的不同，内部类可分为 4 种，分别是成员内部类、局部内部类、静态内部类、匿名内部类。

4.6.1　成员内部类

在一个类中除了可以定义成员变量、成员方法，还可以定义类，这样的类被称为成员内部类。成员内部类可以访问外部类的所有成员。接下来通过一个案例学习如何定义成员内部类：

```java
package cn.itcast19;
/**
 * 成员内部类
 */
class Outer {
    private int num = 4; // 定义类的成员变量

    // 下面的代码定义了一个成员方法，方法中访问内部类
    public void test() {
        Inner inner = new Inner();
        inner.show();
    }

    // 下面的代码定义了一个成员内部类
    class Inner {
        public void show() {
            System.out.println(" 成员内部类 show 方法执行了。。 ");
            // 在成员内部类的方法中访问外部类的成员变量
            System.out.println(" 访问 Outer 类的 num = " + num);
        }
    }
}

public class Example19 {
    public static void main(String[] args) {
        Outer outer = new Outer();              // 创建外部类对象
```

```
        outer.test();                          // 调用 test() 方法
    }
}
```

运行结果如图 4-24 所示。

图 4-24　运行结果

在上述案例中，Outer 类是一个外部类，在该类中定义了一个内部类 Inner 和一个 test() 方法。其中，Inner 类有一个 show() 方法，在 show() 方法中访问外部类的成员变量 num。我们可以通过外部类 Outer 的 test() 方法创建内部类 Inner 的实例对象，并且调用内部类方法。

如果我们想通过除 Outer 类的其他外部类去访问 Inner 类，则需要通过外部类对象去创建内部类对象，创建内部类对象的具体语法格式如下：

外部类名 . 内部类名 变量名 =new 外部类名 ().new 内部类名 ();

如 Example20 所示：

```
package cn.itcast20;
/**
 * 成员内部类
 */
class Outer {
    private int num = 4;                        // 定义类的成员变量

    // 下面的代码定义了一个成员内部类
    class Inner {
        public void show() {
            System.out.println(" 成员内部类 show 方法执行了。。 ");
            // 在成员内部类的方法中访问外部类的成员变量
            System.out.println(" 访问 Outer 类的 num = " + num);
        }
    }
}

public class Example20 {
    public static void main(String[] args) {
        Outer.Inner inner = new Outer().new Inner(); // 通过外部类 Outer 创建内部类对象
        inner.show();                              // 调用 show() 方法
    }
}
```

运行结果如图 4 – 25 所示。

图 4 – 25   运行结果

运行结果同 Example19 一样。需要注意的是，如果内部类被声明为私有，外界将无法访问。如果将上述案例的 Inner 类使用 private 修饰，则编译会报错。

4.6.2   局部内部类

成员内部类的位置在"类中方法外"，局部内部类的位置在"方法内"。局部内部类，也称为方法内部类，是指在方法中编写的类。

在局部内部类中，局部内部类可以访问外部类的所有成员变量和方法。然而我们在使用局部内部类要注意，只能在其所属的方法中创建内部类对象。

```java
package cn.itcast21;
class Outer {
    int num = 10;          // 定义类的成员变量
    // 下面的代码定义了一个成员方法，方法中访问内部类
    public void method(){

        // 局部内部类
        class Inner{
            public void show(){
                System.out.println(" 局部内部类的 show 方法执行了。。 ");
                System.out.println(" 外部内部类的 num：" +num);
            }
        }

        // 创建局部内部类对象
        Inner inner=new Inner();
        inner.show();
    }
}
public class Example21 {
    public static void main(String[] args) {
        Outer outer = new Outer();
        outer.method();

    }
}
```

运行结果如图 4 – 26 所示。

图 4 - 26　运行结果

4.6.3　静态内部类

静态内部类，就是在成员内部类的基础之上多加了 static 关键字。静态内部类只能访问外部类的静态成员。我们通过外部类访问静态内部类成员时，可以跳过外部类直接访问静态内部类。

创建静态内部类对象的基本语法格式如下：

外部类名 . 静态内部类名 变量名 = new 外部类名 (). 静态内部类名 ();

下面通过一个案例学习静态内部类的定义和使用：

```
package cn.itcast22;
class Outer {
    static int num = 10;              // 定义类的成员变量
    // 下面的代码定义了一个静态内部类
    static class Inner {
        public void show() {
            System.out.println(" 静态内部类的 show 方法执行了。。 ");
            // 在静态内部类的方法中访问外部类的成员变量
            System.out.println(" 外部静态变量 num = " + num);
        }
    }
}
public class Example22 {
    public static void main(String[] args) {
        Outer.Inner inner = new Outer.Inner();
        inner.show();
    }
}
```

运行结果如图 4 - 27 所示。

图 4 - 27　运行结果

由于静态内部类只能访问外部类的静态成员变量，在 Example22 中，如果 num 不使用 static 修饰，编译会报错。

4.6.4 匿名内部类

为了让初学者能更好地理解什么是匿名内部类，我们首先看一个通过局部内部类实现的案例：

```
package cn.itcast23;
// 定义 Animal 接口
interface Animal {
    public abstract void shout();
}
// 定义测试类
public class Example23 {
    public static void main(String[] args) {
        // 定义一个内部类 Cat 实现 Animal 接口
        class Cat implements Animal {
            // 实现 shout() 方法
            public void shout() {
                System.out.println(" 喵喵…");
            }
        }
        animalShout(new Cat());          // 调用 animalShout() 方法并传入 Cat 对象
    }
    // 定义静态方法 animalShout()
    public static void animalShout(Animal an) {
        an.shout();                      // 调用传入对象 an 的 shout() 方法
    }
}
```

运行结果如图 4 - 28 所示。

图 4 - 28　运行结果

上述案例中，局部内部类 Cat 实现了 Animal 接口，在调用 animalShout() 方法时，将 Cat 类的实例对象作为参数传入到方法中，从而输出相应的结果。

上述案例局部内部类的名字叫 " Cat"，那什么是匿名内部类呢？匿名内部类是没有名称的特殊局部内部类，格式如下：

```
new 父接口 (){
    // 匿名内部类实现部分
}
```

接下来对 Example23 进行修改，使用匿名内部类的方法实现：

```
package cn.itcast24;
// 定义 Animal 接口
interface Animal {
    public abstract void shout();            // 定义抽象方法 shout()
}
// 定义测试类
public class Example24 {
    public static void main(String[] args) {
        animalShout(new Animal() {
            @Override
            public void shout() {
                System.out.println(" 喵喵。。 ");
            }
        });
    }
    // 定义静态方法 animalShout()
    public static void animalShout(Animal an) {
        an.shout();                          // 调用传入对象 an 的 shout() 方法
    }
}
```

运行结果如图 4 - 29 所示。

图 4 - 29　运行结果

对于初学者而言，可能会觉得匿名内部类的写法比较难理解，下面分两步介绍匿名内部类的编写：

（1）在调用 animalShout() 方法时，在方法的参数位置写上 new Animal(){}，这相当于创建了一个实例对象，并将对象作为参数传给 animalShout() 方法。在 new Animal() 后面有一对大括号，表示创建的对象为 Animal 的子类实例，该子类是匿名的。具体代码如下：

```
animalShout(new Animal(){});
```

（2）在大括号中编写匿名子类的实现代码，具体如下：

```
animalShout(new Animal() {
    public void shout() {
        System.out.println(" 喵喵……");
    }
});
```

至此便完成了匿名内部类的编写。匿名内部类是实现接口的简便写法，在程序中不一定非要使用匿名内部类。对于初学者而言，不要求完全掌握这种写法，只需理解语法就可以。

4.7 异常

4.7.1 什么是异常

尽管人人都希望自己身体健康，处理的事情都能顺利进行，但在实际生活中总会遇到各种状况，比如感冒发烧，工作时电脑蓝屏、死机等。同样，在程序运行的过程中，也会发生各种非正常状况，例如，程序运行时磁盘空间不足、网络连接中断、被装载的类不存在等。针对这种情况，Java 语言引入了异常，以异常类的形式对这些非正常情况进行封装，通过异常处理机制对程序运行时发生的各种问题进行处理。下面通过一个案例认识什么是异常：

```
package cn.itcast25;
public class Example25 {
    public static void main(String[] args) {
        int result = divide(4, 0);    // 调用 divide() 方法
        System.out.println(result);
    }
    // 下面的方法实现了两个整数相除
    public static int divide(int x, int y) {
        int result = x / y;          // 定义一个变量 result 记录两个数相除的结果
        return result;               // 将结果返回
    }
}
```

运行结果如图 4 - 30 所示。

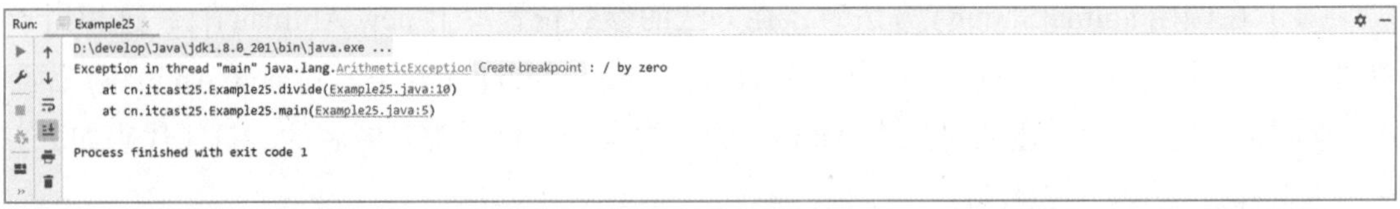

图 4 - 30　运行结果

从运行结果可以看出，程序发生了算术异常（ArithmeticException），该异常是由于上述案例调用 divide() 方法时传入了参数 0，运算时出现了被 0 除的情况而产生的。异常发生后，程序会立即结束，无法继续向下执行。

上述程序产生的 ArithmeticException 异常只是 Java 异常类中的一种，Java 提供了大量的异常类，这些类都继承自 java.lang.Throwable 类。

接下来通过图 4 - 31 展示 Throwable 类的继承体系。

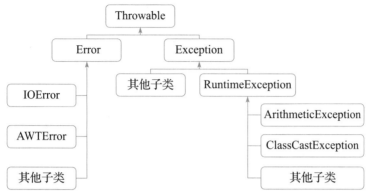

图 4 - 31　Throwable 类的继承体系

从图中可以看出，Throwable 有两个直接子类 Error 和 Exception，其中，Error 代表程序中产生的错误，Exception 代表程序中产生的异常。

下面就对 Error 和 Exception 类进行详细讲解：

◆　Error 类称为错误类，它表示 Java 程序运行时产生的系统内部错误或资源耗尽的错误，这类错误比较严重，仅靠修改程序本身是不能恢复执行的。举一个生活中的例子，在盖楼的过程中因偷工减料，导致大楼坍塌，这就相当于一个 Error。例如，使用 Java 命令去运行一个不存在的类就会出现 Error 错误。

◆　Exception 类称为异常类，它表示程序本身可以处理的错误，在 Java 程序中进行的异常处理，都是针对 Exception 类及其子类的。在 Exception 类的众多子类中有一个特殊的子类—RuntimeException 类，RuntimeException 类及其子类用于表示运行时异常。Exception 类的其他子类都用于表示编译时异常。本节主要针对 Exception 类及其子类进行详细讲解。

通过前面的学习，大家已经了解了 Throwable 类，为了方便后面的学习，下面将 Throwable 类中的常用方法罗列出来，见表 4 - 3。

表 4 - 3　Throwable 类的常用方法

方法声明	功能描述
String getMessage()	返回异常的消息字符串
String toString()	返回异常的简单信息描述
void printStackTrace()	获取异常类名和异常信息，以及异常出现在程序中的位置，把信息输出在控制台

表 4 - 3 中的这些方法都用于获取异常信息。因为 Error 和 Exception 继承自 Throwable 类，所以它们都拥有这些方法，在后面的异常学习中会逐渐接触到这些方法的使用。

4.7.2 try...catch 和 finally

在 Example25 中，由于发生了异常导致程序立即终止，所以无法向下执行了。为了解决这样的问题，Java 中提供了一种对异常处理的方式—异常捕获。异常捕获通常使用 try...catch 语句，具体语法格式如下：

```
try{
   // 程序代码块
}catch(ExceptionType(Exception 类及其子类 ) e){
   // 对 ExceptionType 的处理
}
```

其中在 try 代码块中编写可能发生异常的 Java 语句，catch 代码块中编写针对异常进行处理的代码。当 try 代码块中的程序发生了异常，系统会将这个异常的信息封装成一个异常对象，并将这个对象传递给 catch 代码块。catch 代码块需要一个参数指明它所能够接收的异常类型，这个参数的类型必须是 Exception 类或其子类。

下面通过 try...catch 语句对 Example25 中出现的异常进行捕获：

```java
package cn.itcast26;
public class Example26 {
    public static void main(String[] args) {
        // 下面的代码定义了一个 try...catch 语句用于捕获异常
        try {
            int result = divide(4, 0);          // 调用 divide() 方法
            System.out.println(result);
        } catch (Exception e) {                  // 对异常进行处理
            System.out.println(" 不能除 0");
            System.out.println(" 捕获的异常信息为：" + e.getMessage());
        }
        System.out.println(" 看看我执行了吗。。");
    }
    // 下面的方法实现了两个整数相除
    public static int divide(int x, int y) {
        int result = x / y;                      // 定义一个变量 result 记录两个数相除的结果
        return result;                           // 将结果返回
    }
}
```

运行结果如图 4 - 32 所示。

图 4 - 32　运行结果

上述代码中，在 catch 语句中是通过参数 Exception 变量来接收异常对象的。在 Example25 中我们知道产生的是 ArthmeticException 异常，这里用其父类来接收这个异常，用到了多态的思想，即" Exception e=new ArthmeticException();"。统一用父类 Exception 接收的好处就是可以捕捉 Exception 及其子类的异常。

在 catch 语句中通过调用异常对象的 getMessage() 方法，返回异常信息" / by zero"。catch 代码块对异常处理完毕后，程序仍会向下执行，而不会终止程序。

另外，在 try 代码块中，发生异常语句后面的代码是不会被执行的，如上述代码中第 6 行代码的打印 result 的语句就没有执行。

多学一招：快速书写 try...catch 语句的方法

选中可能出现异常的代码块→单击菜单栏中【 code 】→选择【 Surround With... 】→单击【 try/catch 】语句。

在程序中，有时候会希望有些语句无论程序是否发生异常都要执行，这时就可以在 try...catch 语句后，加一个 finally 代码块。在程序设计时，通常会使用 finally 代码块处理完成必须做的事情，如释放系统资源。

```
package cn.itcast27;
public class Example27 {
    public static void main(String[] args) {
        // 下面的代码定义了一个 try...catch...finally 语句用于捕获异常
        try {
            int result = divide(4, 0);          // 调用 divide() 方法
            System.out.println(result);
        } catch (Exception e) {                 // 对捕获到的异常进行处理
            System.out.println(" 不能除 0");
            System.out.println(" 捕获的异常信息为：" + e.getMessage());
            return;                             // 用于结束当前语句
        } finally {
            System.out.println(" 我是 finally 代码的内容。。");
        }
        System.out.println(" 看看我执行了吗。。");
    }
    // 下面的方法实现了两个整数相除
    public static int divide(int x, int y) {
        int result = x / y;                     // 定义一个变量 result 记录两个数相除的结果
        return result;                          // 将结果返回
    }
}
```

运行结果如图 4 - 33 所示。

上述代码中，在 catch 代码块中增加了一个 return 语句，用于结束当前方法，所以语句"看看我执行了吗。。"就不会执行了，而 finally 代码块中的代码仍会执行，不受

return 语句影响。也就是说不论程序是发生异常还是使用 return 语句结束，finally 中的语句都会执行。

图 4-33　运行结果

需要注意的是，finally 中的代码块在一种情况下是不会执行的，那就是在 try...catch 中执行了 System.exit(0) 语句。System.exit(0) 表示退出当前的 Java 虚拟机，Java 虚拟机停止了，任何代码都不能再执行了。

4.7.3　throws 关键字

在 Example27 中，由于调用的是自己编写的 divide() 方法，因此很清楚该方法可能发生的异常。但是，在实际开发中，大部分情况下我们会调用别人编写的方法，并不知道别人编写的方法是否会发生异常。针对这种情况，Java 允许在方法的后面使用 throws 关键字对外声明该方法有可能发生的异常，这样调用者在调用方法时，就明确地知道该方法有异常，并且必须在程序中对异常进行处理，否则编译无法通过。

throws 关键字声明抛出异常的语法格式如下：

```
修饰符 返回值类型 方法名（参数 1, 参数 2...) throws 异常类 1, 异常类 2...{
    // 方法体 ...
}
```

从上述语法格式中可以看出，throws 关键字需要写在方法声明的后面，throws 后面需要声明方法中发生异常的类型。接下来，修改 Example27，在 divide() 方法中声明可能出现的异常类型：

```
package cn.itcast28;
public class Example28 {
    public static void main(String[] args) {
        int result = divide(4, 2);    // 调用 divide() 方法
        System.out.println(result);
    }
    // 下面的方法实现了两个整数相除，并使用 throws 关键字声明抛出异常
    public static int divide(int x, int y) throws Exception {
        int result = x / y;          // 定义一个变量 result 记录两个数相除的结果
        return result;               // 将结果返回
    }
}
```

编译报错，如图 4-34 所示。

图 4-34　编译报错

在上述案例中，调用 divide() 方法时传入的第 2 个参数为 2，程序在运行时不会发生被 0 除的异常，但是由于定义 divide() 方法时声明了抛出异常，调用者在调用 divide() 方法时就必须进行捕获或者声明以便抛出，否则就会发生编译错误。我们先来看第一种解决办法，对上述案例进行捕获。直接选中可能发生异常语句，然后快速生成 try...catch 语句：

```
package cn.itcast29;
public class Example29 {
    public static void main(String[] args) {
        try {
            int result = divide(4, 2); // 调用 divide() 方法
            System.out.println(result);
        } catch (Exception e) {
            e.printStackTrace();
        }
    }
    // 下面的方法实现了两个整数相除，并使用 throws 关键字声明抛出异常
    public static int divide(int x, int y) throws Exception {
        int result = x / y;        // 定义一个变量 result 记录两个数相除的结果
        return result;             // 将结果返回
    }
}
```

运行结果如图 4-35 所示。

图 4-35　运行结果

由于使用了 try...catch 对 divide() 方法进行了异常处理，因此程序可以编译通过，运行后正确地打印出了运行结果 2。

下面我们使用第二种做法：声明异常以便抛出。修改 Example28，将 divide() 方法抛出的异常继续抛出：

```
package cn.itcast30;
public class Example30 {
    public static void main(String[] args)throws Exception {
        int result = divide(4, 2);      // 调用 divide() 方法
        System.out.println(result);
    }
    // 下面的方法实现了两个整数相除，并使用 throws 关键字声明抛出异常
    public static int divide(int x, int y) throws Exception {
        int result = x / y;             // 定义一个变量 result 记录两个数相除的结果
        return result;                  // 将结果返回
    }
}
```

运行结果如图 4 – 36 所示。

图 4 – 36　运行结果

上述代码，在 main() 方法继续使用 throws 关键字将 Exception 抛出，程序可以通过编译，正常打印出 2。

当除数传入的是 0 时，编译器不会报错，但是在运行时期由于没有对 " /by zero" 的异常进行处理，最终导致程序终止运行。因此，第二种做法只是对异常进行抛出，并没有处理。

4.7.4　编译时异常和运行时异常

在实际开发中，经常会在程序编译时产生一些异常。这些异常必须要进行处理，这种异常被称为编译时异常，也称为 checked 异常。另外还有一种异常是在程序运行时产生的，这种异常即使不编写异常处理代码，依然可以通过编译，因此被称为运行时异常，也称为 unchecked 异常。下面分别对这两种异常进行详细的讲解。

1. 编译时异常

在 Exception 类中，除了 RuntimeException 类及其子类，Exception 的其他子类都是编译时异常。编译时异常的特点是 Java 编译器会对异常进行检查，如果出现异常就必须对异常进行处理，否则程序无法通过编译。

处理编译时异常有两种方式，具体如下：

（1）使用 try...catch 语句对异常进行捕获处理。

（2）使用 throws 关键字声明抛出异常，调用者对异常进行处理。

2. 运行时异常

RuntimeException 类及其子类都是运行时异常。运行时异常的特点是 Java 编译器不会对异常进行检查。也就是说，当程序中出现这类异常时，即使没有使用 try...catch 语句捕获或使用 throws 关键字声明抛出，程序也能编译通过。运行时异常一般是由程序中的逻辑错误引起的，在程序运行时无法恢复。例如，通过数组的角标访问数组的元素时，如果角标超过了数组范围，就会发生运行时异常，代码如下：

```
int[] arr=new int[5];
System.out.println(arr[6]);
```

在上面的代码中，由于数组 arr 的 length 为 5，最大角标应为 4，当使用 arr[6] 访问数组中的元素就会发生数组角标越界的异常。

4.7.5　自定义异常

自定义异常的具体内容请参考二维码显示。

自定义异常

📖 **本章小结**

本章主要介绍了面向对象的继承、多态特性，与第 3 章学习的面向对象的封装性构成了面向对象语言程序设计的三大特性，这是 Java 语言的精髓所在。此外，本章还介绍了 final 关键字、抽象类和接口、Object 类、内部类、异常的概念以及异常的处理机制等。本章和第 3 章，是本书最重要的两章，熟练掌握这两章内容，就掌握了 Java 语言的精髓。

📝 **本章习题**

一、填空题

1. Java 中一个类最多可以继承_____个类。

2. 在继承关系中，子类会自动继承父类中的方法，但有时在子类中需要对继承的方法进行一些修改，即对父类的方法进行_____。

3. _____关键字可用于修饰类、变量和方法，它有"这是无法改变的"或者"最终"的含义。

4. Java 提供了一个关键字_____，可以判断一个对象是否为某个类（或接口）的实例或者子类实例。

5. 一个类如果要实现一个接口，可以通过关键字_____来实现这个接口。

6. Java 中的异常分为两种，一种是_____，另外一种是运行时异常。

7. _____类及其子类用于表示运行时异常。

8. 在 Java 中一个接口可以继承多个接口，继承的接口之间使用_____隔开即可。

二、判断题

1. Exception 类称为异常类，它表示程序本身可以处理的错误，在开发 Java 程序中进行的异常处理，都是针对 Exception 类及其子类。（　　　）

2. 在 try...catch 语句中，try 语句块存放可能发生异常的语句。（　　　）

3. 当一个类实现接口时，没有必要实现接口中的所有方法。（　　　）

4. 父类的引用指向自己子类的对象是多态的一种体现形式。（　　　）

5. 方法重写时，子类抛出的异常类型大于等于父类抛出的异常类型。（　　　）

6. 类具有封装性，但可以通过类的公共接口访问类中的数据。（　　　）

7. 接口中的成员变量全为常量，方法全为抽象方法。（　　　）

8. 抽象类可以有构造方法，所以能直接用来生成实例。（　　　）

9. 自定义的异常类必须继承自 Exception 或其子类。（　　　）

10. protected 修饰的方法，只能给子类使用。（　　　）

三、选择题

1. 下列不属于面向对象编程的三个特征的是（　　　）。

　　A. 封装　　　　　　B. 指针操作　　　　C. 多态性　　　　　　D. 继承

2. 关键字 supper 的作用是（　　　）。

　　A. 用来访问父类被隐藏的成员变量　　　B. 用来调用父类中被重载的方法

　　C. 用来调用父类的构造函数　　　　　　D. 以上都是

3. 关于构造方法，下列说法错误的是（　　　）。

　　A. 构造方法不可以进行方法重写

　　B. 构造方法用来初始化该类的一个新的对象

　　C. 构造方法具有和类名相同的名称

　　D. 构造方法不返回任何数据类型

4. 已知类关系如下，则以下关于数据的语句正确的是（　　　）。

```
class Employee;
class Manager extends Employeer;
class Director extends Employee;
```

　　A. Employee e=new Manager();　　　　B. Director d=new Manager();

　　C. Director d=new Employee();　　　　D. Manager m=new Director();

5. Java 动态多态性是通过（　　　）实现的。

　　A. 重载　　　　　　B. 覆盖　　　　　　C. 接口　　　　　　D. 抽象类

6. 下列关于匿名内部类的描述，错误的是（　　　）。

　　A. 匿名内部类是内部类的简化形式

　　B. 匿名内部类的前提是必须要继承父类或实现接口

　　C. 匿名内部类的格式是 "new 父类（参数列表）或父接口 (){}"

　　D. 匿名内部类可以有构造方法

7. 下列关于对象的类型转换的描述，说法错误的是（　　　）。

   A. 对象的类型转换可通过自动转换或强制转换进行

   B. 无继承关系的两个类的对象之间试图转换会出现编译错误

   C. 由 new 语句创建的父类对象可以强制转换为子类的对象

   D. 子类的对象转换为父类类型后，父类对象不能调用子类的特有方法

8. 下面程序运行的结果是（　　　）。

```java
class Demo{
    public static void main(String[] args){
        int x = div(1,2);
        try{
        }catch(Exception e){
            System.out.println(e);
        }
        System.out.println(x);
    }
    public static int div(int a,int b){
        return a / b ;
    }
}
```

   A. 输出 1　　　　　　B. 输出 0　　　　　　C. 输出 0.5　　　　　　D. 编译失败

9. 函数重写与函数重载的相同之处是（　　　）。

   A. 权限修饰符　　　　B. 函数名　　　　　　C. 返回值类型　　　　　D. 形参列表

10. 下列关于接口的说法中，错误的是（　　　）。

   A. 接口中定义的方法默认使用"public abstract"来修饰

   B. 接口中的变量默认使用"public static final"来修饰

   C. 接口中的所有方法都是抽象方法

   D. 接口中定义的变量可以被修改

11. 阅读下段代码：

```java
class Dog {
    public String name;
    Dog(String name){
        this.name =name;
    }
}
public class Demo1 {
    public static void main(String[] args){
        Dog dog1 = new Dog("xiaohuang");
        Dog dog2 = new Dog("xiaohuang");
        String s1 = dog1.toString();
        String s2 = dog2.toString();
    String s3 = "xiaohuang";
    String s4 = "xiaohuang";
    }
}
```

返回值为 true 的是（　　　）。

    A. dog1.equals(dog2)　　　　　　　　B. s1.equals(s2)

    C. s3.equals(s4)　　　　　　　　　　　D. dog1==dog2

四、简答题

1. 简述抽象类与接口的区别。

2. 简述在类的继承中需要注意的问题。

五、编程题

1. 按照以下要求编程程序：

（1）编写一个抽象类 Animal，其成员变量有 name、age、weight，分别表示动物名、年龄和重量。方法有 showInfo()、move() 和 eat()，其中后面两个方法是抽象方法。

（2）编写一个类 Bird 继承 Animal，实现相应的方法。通过构造方法给 name、age、weight 分别赋值，showInfo() 打印鸟名、年龄和重量，move() 打印鸟的运行方式，eat() 打印鸟喜欢吃的食物。

（3）编写测试类 TestAnimal，用 Animal 类型的变量，调用 Bird 对象的三个方法。

2. 某公司的雇员分为以下若干类：

（1）Employee：这是所有员工总的父类。

属性：员工的姓名、员工的生日月份。

方法：getSalary(int month) 根据参数月份来确定工资，如果该月员工过生日，则公司会额外奖励 100 元。

（2）SalariedEmployee：Employee 的子类，拿固定工资的员工。

属性：月薪。

（3）HourlyEmployee：Employee 的子类，按小时拿工资的员工，每月工作超出 160 小时的部分按照 1.5 倍工资发放。

属性：每小时的工资、每月工作的小时数。

（4）SalesEmployee：Employee 的子类，销售，工资由月销售额和提成率决定。

属性：月销售额、提成率。

（5）BasePlusSalesEmployee：SalesEmployee 的子类，有固定底薪的销售人员，工资由底薪加上销售提成部分。

属性：底薪。

要求：

创建一个 Employee 数组，分别创建若干不同的 Employee 对象，并打印某个月的工资。

注意：要求把每个类都做成完全封装，不允许非私有化属性。

第**5**章

Java API

 教学目标

知识目标

1. 掌握 API 的概念及使用。
2. 掌握 String 类、StringBuffer 类和 StringBuilder 类的使用。
3. 掌握 System 类和 Runtime 类的使用。
4. 掌握 Math 类和 Random 类的使用。
5. 掌握包装类以及日期时间类的使用。

能力目标

1. 学习查看 API 文档，使用各类 API。
2. 熟练使用 String 类、StringBuffer 类和 StringBuilder 类操作字符串。
3. 学会使用 Math 类来做基本的数学运算以及使用 Random 类产生符合要求的随机数。
4. 学习基本变量对应的包装类，以及使用包装类完成对基本类型的相关操作。
5. 熟练使用日期时间相关的类，编写日期相关的代码。

素质目标

培养学生团结、合作、互助的团队精神。

学习完面向对象上和面向对象下，我们已经可以自己创建一个类和对象了。本章节我们将学习 Java 官方给我们提供好的类——Java API。

5.1 API 概述

5.1.1 什么是 API

API（Application Programming Interface）指的是应用程序编程接口。假设使用 Java

语言编写一个机器人程序去控制机器人踢足球，程序就需要向机器人发出向前跑、向后跑、射门、抢球等各种命令，没有编过程序的人很难想象这样的程序该如何编写。但是对于有经验的开发人员来说，知道机器人厂商一定会提供一些用于控制机器人的 Java 类，这些类中定义好了操作机器人各种动作的方法。其实，这些 Java 类就是机器人厂商提供给应用程序编程的接口，通常把这些类称为 API。本章涉及的 Java API 指的就是 JDK 中提供的各种功能的 Java 类。

简单来说，我们主要学习的是 Java 官方给我们提供好的一些类。在这些类里面有对应不同的方法，可以去实现不同的功能。所以 API 的学习思路是这样的，有一些类我们想要调用人家写好的方法，那么前提条件是要有对象，所以首先要学习这些类有哪些构造方法，通过构造方法先创建对象，有了这些对象以后再去调用这些类的成员方法。

总之，Java API 就是 Java 提供给我们使用的类，这些类将底层的实现封装了起来，我们不需要关心这些类是如何实现的，只需要学习这些类如何使用。

5.1.2 API 使用步骤

接下来我们学习如何使用 API，分为以下几步。

（1）打开帮助文档。本教材提供 1 个帮助文档 " jdk api 1.8_google. CHM"。打开该帮助文档，如图 5 - 1 所示。

API 的使用步骤

图 5 - 1　JDK8 帮助文档

（2）找到索引，看到搜索框，如图 5 - 2 所示。

图 5 - 2 输入框

（3）你要学习什么内容，就在搜索框里面输入什么内容。以 Random 类举例，在搜索框中输入"Random"，然后回车，如图 5 - 3 所示。

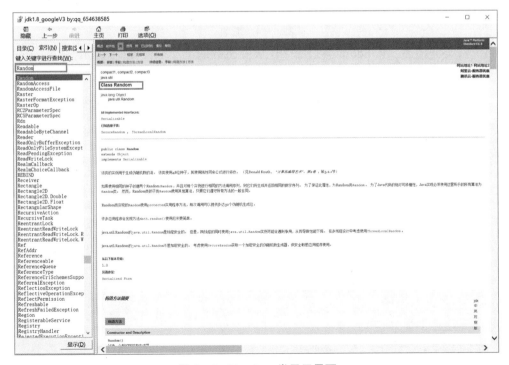

图 5 - 3 Random 类显示界面

（4）看包。java.lang 包下的类在使用的时候是不需要导包的。其他包都需要导包。

如图 5 - 4 所示，Random 是在 util 包下，因此在使用该类时，需要导包。

在类之前需要书写如下代码，格式如下：

import java.util.Random

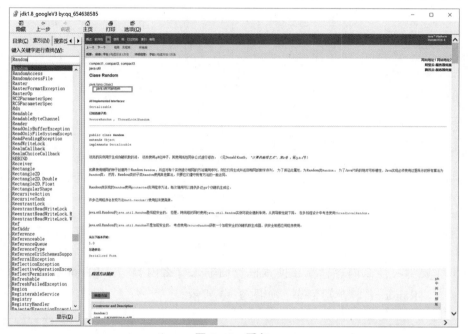

图 5 - 4　看包

（5）看类的描述。Random 类是用于生成随机数的类，如图 5 - 5 所示。

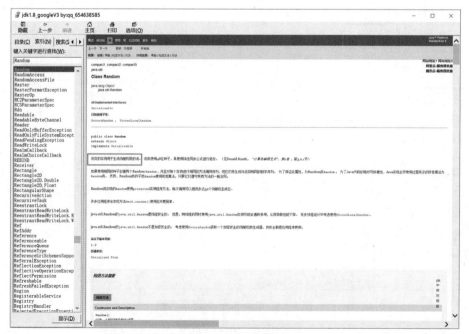

图 5 - 5　看类的描述

（6）看构造方法。如图 5 - 6 所示，有 2 个构造方法，一个是无参构造，另一个是带
参构造。说明有 2 种创建对象的方式，其中无参构造是创建一个新的随机生成器，带参
构造是使用单个 long 种子创建的一个新的随机生成器。

图 5 - 6　看构造方法

接下来使用无参的构造创建对象，格式如下：

Random r = new Random();

（7）看成员方法。成员方法有很多，接下来以一个方法举例，如图 5 - 7 所示。

由图 5 - 7 可知，首先要了解该方法的功能，该方法是用来产生一个包含 0，不包含
指定值的随机数，即产生 [0,bound) 之间的随机数。在调用方法时，需要看以下几点：

1）看返回值类型：人家返回什么类型，你就用什么类型接收。

2）看方法名：名字不要写错了。

3）看形式参数：人家要几个参数，你就给几个，人家要什么数据类型，你就给什么
数据类型。

看完上述 3 点，编写出如下代码：

int number = r.nextInt(100);

显然，上述代码产生一个 [0,100）之间的随机数。

图 5-7　看成员方法

至此，API 的使用已经讲完了，之后，我们在学习使用一个类的时候，就可以根据上面的 7 个步骤进行。详细的 Random 代码可以参考 5.4.2 节中的 Random 类的具体讲解。

5.2　字符串类

在程序开发中经常会用到字符串，所谓字符串就是指一连串的字符，它是由许多单个字符连接而成的，如多个英文字母所组成的一个英文单词。字符串中可以包含任意字符，这些字符必须包含在一对半角双引号 " " 之内，例如 "abc"。Java 中定义了三个封装字符串的类，分别是 String、StringBuffer 和 StringBuilder，它们位于 java.lang 包中，并提供了一系列操作字符串的方法，这些方法不需要导包就可以直接使用。下面将对 String 类、StringBuffer 类和 StringBuilder 类进行详细的讲解。

5.2.1　String 类的初始化

在使用 String 类进行字符串操作之前，首先需要对 String 类进行初始化。在 Java 中可以通过以下两种方式对 String 类进行初始化：

（1）使用字符串常量直接初始化一个 String 对象，具体代码如下：

String str1 = "abc";

由于 String 类比较常用，所以提供了这种简化的语法，用于创建并初始化 String 对象，其中 "abc" 表示一个字符串常量。

（2）使用 String 类的构造方法初始化字符串对象。String 类的常见构造方法见表 5–1。

表 5–1　String 类的常见构造方法

方法声明	功能描述
String()	创建一个内容为空的字符串
String(String value)	根据指定的字符串内容创建对象
String(char[] value)	根据指定的字符数组创建对象

表 5–1 列出了 String 类的 3 种构造方法，通过调用不同参数的构造方法便可完成 String 类的初始化。接下来通过一个案例来学习 String 类的使用：

```
package cn.itcast01;
public class Example01 {
    public static void main(String[] args) throws Exception {
        // 创建一个空的字符串
        String s1 = new String();
        // 创建一个内容为 abc 的字符串
        String s2 = new String("abc");
        // 根据指定的字符数组创建对象
        char[] charArray = new char[] { 'H', 'e', 'l','l','o' };
        String s3 = new String(charArray);
        // 字符串中 + 代表连接符
        System.out.println("a"+s1+"b");
        System.out.println(s2);
        System.out.println(s3);
    }
}
```

运行结果如图 5–8 所示。

图 5–8　运行结果

由运行结果可知，"＋"运算符在字符串中起到连接的作用。另外，字符串是一种特殊的引用数据类型，直接输出字符串对象就是输出该对象的数据。

5.2.2　String 类的常见操作

在实际开发中，String 类的应用非常广泛，灵活运用 String 类是非常重要的。接下来，我们来学习 String 类的成员方法。打开 API 文档，如图 5-9 所示。

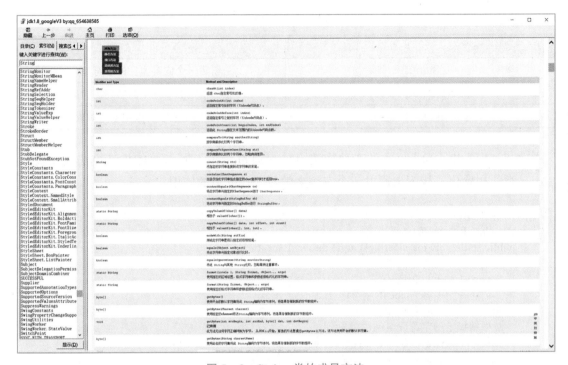

图 5-9　String 类的成员方法

图 5-9 只列举了 String 类的部分成员方法，String 类还有很多成员方法。如果按照 API 文档一个一个从头往下学习成员方法，相信很多同学都已经混乱了，因为方法太多了，很难全部记住。为了帮助大家更好地记忆和使用这些方法，这里将一些重要的方法分为 4 类进行讲解。

1. 字符串的判断操作

操作字符串时，经常需要对字符串进行一些判断，如判断字符串是否以指定的字符串开始、结束，是否包含指定的字符串，字符串是否为空等。字符串常用的判断方法见表 5-2。

表 5-2　字符串常用的判断方法

方法声明	功能描述
boolean equals(Object obj)	比较 2 个字符串的内容是否相同
boolean equalsIgnoreCase(String str)	比较 2 个字符串的内容是否相同，忽略大小写
boolean startsWith(String str)	判断字符串是否以指定的字符串 str 开头
boolean endsWith(String str)	判断字符串是否以指定的字符串 str 结尾
boolean contains (CharSequence cs)	判断字符串中是否包含指定的字符序列
boolean isEmpty()	判断字符串是否为空

接下来通过一个案例来演示字符串的判断操作：

```java
package cn.itcast02;
public class Example02 {
    public static void main(String[] args) {
        String s1 = "hello"; // 声明一个字符串
        String s2 = "Hello";
        System.out.println(" 比较字符串 s1 和 s2 的内容是否相同："+s1.equals(s2));
        System.out.println("--------");
        System.out.println(" 比较字符串 s1 和 s2 的内容是否相同，忽略大小写："
                            +s1.equalsIgnoreCase(s2));
        System.out.println("--------");
        System.out.println(" 判断字符串 s1 是否以 he 开头："+s1.startsWith("he"));
        System.out.println("--------");
        System.out.println(" 判断字符串 s 是否以 ll 结尾："+s1.endsWith("ll"));
        System.out.println("--------");
        System.out.println(" 判断字符串 s1 是否包含 tri:" + s1.contains("tri"));
        System.out.println("--------");
        System.out.println(" 判断字符串是否为空：" + s1.isEmpty());
    }
}
```

运行结果如图 5 – 10 所示。

图 5 – 10   运行结果

2. 字符串的获取操作

操作字符串时，经常需要对字符串进行一些获取操作，如获取字符串的长度、指定索引的字符等。字符串常用的获取方法见表 5 – 3。

表 5 – 3   字符串常用的获取方法

方法声明	功能描述
int length()	获取字符串的长度，其实就是字符个数
char charAt(int index)	获取指定索引处的字符
int indexOf(String str)	获取指定字符串 str 在字符串对象中第一次出现的索引
String substring(int start)	从 start 索引处开始截取字符串
String substring(int start,int end)	在 [start,end) 索引处截取字符串

接下来通过一个案例来学习字符串的获取方法：

```
package cn.itcast03;
public class Example03 {
    public static void main(String[] args) {
        // 创建字符串对象
        String s = "helloworld";
        System.out.println(" 字符串的长度：" + s.length());
        System.out.println("--------");
        System.out.println(" 索引为 0 的字符：" + s.charAt(0));
        System.out.println(" 索引为 1 的字符：" + s.charAt(1));
        System.out.println("--------");
        System.out.println(" 获取 1 在字符串对象中第一次出现的索引：" + s.indexOf("l"));
        System.out.println(" 获取 ak 在字符串对象中第一次出现的索引：" + s.indexOf("ak"));
        System.out.println("--------");
        System.out.println(" 从下标 5 开始截取到末尾的结果：" + s.substring(5));
        System.out.println("--------");
        System.out.println(" 从下标 5-6 截取到字符的结果：" + s.substring(5,7));
    }
}
```

字符串的获取
方法

运行结果如图 5 - 11 所示。

图 5 - 11   运行结果

3. 字符串的转换操作

程序开发中，经常需要对字符串进行转换操作。例如，将字符串转换成数组的形式、将字符串中的字符进行大小写转换等。字符串常见的转换方法见表 5 - 4。

表 5 - 4   字符串常见的转换方法

方法声明	功能描述
char[] toCharArray()	将字符串转换为字符数组
static String valueOf(int i)	将 int 类型转换为字符串类型
String toLowerCase()	把字符串转换为小写字符串
String toUpperCase()	把字符串转换为大写字符串

下面通过一个案例演示字符串的转换操作：

```
package cn.itcast04;
public class Example04{
    public static void main(String[] args) {
        // 创建字符串对象
        String s = "Hello";
        //char[] toCharArray(): 把字符串转换为字符数组
        char[] chs = s.toCharArray();
        // 对字符数组进行遍历
        for(int x=0; x<chs.length; x++) {
            System.out.println(chs[x]);
        }
        System.out.println("--------");
        System.out.println(" 将 int 值转换为 String 类型之后的结果："+String.valueOf(12));
        System.out.println("--------");
        System.out.println(" 将字符串转换成大写字母之后的结果："+s.toLowerCase());
        System.out.println("--------");
        System.out.println(" 将字符串转换成小写字母之后的结果："+s.toUpperCase());
    }
}
```

运行结果如图 5 – 12 所示。

图 5 – 12　运行结果

静态方法 valueOf() 方法将一个 int 类型的整数转换为字符串。如果今后对整数操作比较麻烦，可以先将其转换为字符串，然后调用字符串的一些成员方法即可。

4. 字符串类的替换、去除空格以及分割操作

程序开发中，经常会对字符串进行一些替换和去除多余空格，以及分割等操作，方法见表 5 – 5。

表 5 – 5　字符串的替换、去除空格以及分割方法

方法声明	功能描述
String replace(CharSequence oldstr, CharSequence newStr)	将字符串 oldstr 替换成字符串 newStr
String trim()	去除字符串两端空格
String[] split(String regex)	根据参数 regex 将原来的字符串分割成若干个子字符串

下面通过一个案例演示字符串的这些操作：

```
package cn.itcast05;
public class Example05 {
    public static void main(String[] args) {
        // 创建字符串对象
        String s1 = "helloworld";
        String s2 = " hello  world ";
        System.out.println(" 将字符串 s1 的 he 替换成 HE:"+ s1.replace("he","HE"));
        System.out.println("--------");
        System.out.println(" 去除字符串 s2 两端的空格：" +s2.trim());
        System.out.println(" 去除字符串 s2 所有的空格：" +s2.replace(" ",""));
        System.out.println("--------");
        // 按逗号分割字符串
        String s3 = "aa,bb,cc";
        String[] strArray = s3.split(",");
        for(int x=0; x<strArray.length; x++) {
            System.out.println(strArray[x]);
        }
    }
}
```

运行结果如图 5－13 所示。

图 5－13　运行结果

任务 5-1　模拟用户登录

任务介绍

1. 任务描述

在使用一些 App 时，通常都需要填写用户名和密码。用户名和密码输入都正确才会登录成功，否则会提示用户名或密码错误。

本任务要求编写一个程序，模拟用户登录。程序要求如下：

（1）用户名和密码正确，提示登录成功。

（2）用户名或密码不正确，提示"用户名或密码错误"。

（3）总共有 3 次登录机会，在 3 次内（包含 3 次）输入正确的用户名和密码后给出登录成功的相应提示。超过 3 次用户名或密码输入有误，则提示登录失败，无法再继续登录。

在登录时，需要比较用户输入的用户名密码与已知的用户名密码是否相同，本案例可以使用 Scanner 类以及 String 类的相关方法实现比较操作。

2. 运行结果

用户登录成功的运行结果如图 5 – 14 所示。

图 5 – 14　用户登录成功的运行结果

用户登录失败的运行结果如图 5 – 15 所示。

图 5 – 15　用户登录失败的运行结果

任务目标

- 学会分析"模拟用户登录"任务的实现思路。
- 根据思路独立完成"模拟用户登录"任务的源代码编写、编译及运行。
- 掌握 String 类及 Scanner 类中常用方法的使用。
- 掌握之前学习的 if 判断知识。

任务分析

（1）分析任务描述可知，已知用户名密码，定义两个字符串表示即可。

（2）键盘录入要登录的用户名密码，用 Scanner 实现。

（3）拿键盘录入的用户名密码和已知的用户名密码进行比较，给出相应的提示。字符串内容比较用 equals 实现。

（4）循环实现多次机会。这里次数明确，用 for 循环实现。并在登录成功时，用 break 结束循环。

任务实现

任务实现代码请参考二维码显示。

Test01.java

任务 5-2　字符串拼接

任务介绍

1.任务描述

本任务要求编写一个程序，将数组按照指定格式拼接成字符串。例如，给定数组 arr={1,2,3}，将其拼接成 [1,2,3]。

2.运行结果

运行结果如图 5–16 所示。

图 5–16　运行结果

任务目标

- 学会分析"字符串拼接"任务的实现思路。
- 根据思路独立完成"字符串拼接"任务的源代码编写、编译及运行。
- 掌握 String 类中常用方法的使用。
- 掌握之前学习的 for 循环、方法调用等知识。

任务分析

（1）分析任务描述可知，做此任务需要先定义一个数组。

（2）要实现数组转成一个字符串，需要首先定义一个方法实现数组拼接成字符串。参数类型为数组，返回值类型为 String，可先使用 String 定义一个空串，并且添加字符串 "["，然后遍历数组，如果是遍历最后一个元素，就只是添加该元素，否则，就添加该元素和"逗号"，在最后再加上一个"]"。自此，拼接的方法完成。在方法中将数组遍历，然后把每一个得到的字符拼接成一个字符串并且返回。

（3）在主函数入口调用刚才的方法，并定义一个字符串变量接收结果。

（4）输出结果，观察控制台的效果。

任务实现

任务实现代码请参考二维码显示。

字符串拼接

5.2.3　StringBuffer 类

由于字符串是常量，因此一旦创建，其内容和长度是不可改变的。
如果需要对一个字符串进行修改，则只能创建新的字符串，既耗时又浪费空间。为了对
字符串进行修改，Java 提供了一个 StringBuffer 类（也称字符串缓冲区）。StringBuffer 类
和 String 类最大的区别在于它的内容和长度都是可以改变的。StringBuffer 类似一个字符
容器，当在其中添加或删除字符时，并不会产生新的 StringBuffer 对象。

StringBuffer 类常用的构造方法见表 5－6，StringBuffer 类常用成员方法见表 5－7。

表 5－6　StringBuffer 类常用的构造方法

方法声明	功能描述
StringBuffer()	创建内容为空的字符串缓冲区
StringBuffer(String str)	构造一个初始化为指定字符串内容的字符串缓冲区

表 5－7　StringBuffer 类常用成员方法

方法声明	功能描述
StringBuffer append（数据）	添加数据（任意类型）
StringBuffer insert(int index,String str)	将字符串插入指定索引位置
StringBuffer deleteCharAt(int index)	删除指定索引处的字符
StringBuffer delete(int strat,int end)	删除 [start,end) 索引处的字符串
StringBuffer replace(int start,int end,String s)	用字符串 s 替换成指定位置的字符串
void setCharAt(int index,char ch)	修改指定索引处的字符
StringBuffer reverse()	反转字符串
String toString()	转换为字符串对象

下面通过一个案例演示表 5－6 和表 5－7 的方法：

```
package cn.itcast06;
public class Example06 {
    public static void main(String[] args) {
        System.out.println("1、添加 -----------------------");
        add();
        System.out.println("2、删除 -----------------------");
```

```
        remove();
        System.out.println("3、修改 -----------------------");
        alter();
    }
    public static void add() {
        StringBuffer sb = new StringBuffer();          // 定义一个字符串缓冲区
        sb.append("abcdefg");                           // 在末尾添加字符串
        System.out.println("append 添加结果: " + sb);
        sb.insert(2, "123");                            // 在指定位置插入字符串
        System.out.println("insert 添加结果: " + sb);
    }
    public static void remove() {
        StringBuffer sb = new StringBuffer("abcdefg");
        sb.deleteCharAt(2);                             // 指定位置删除
        System.out.println(" 删除指定位置结果: " + sb);
        sb.delete(1, 5);                                // 指定范围删除
        System.out.println(" 删除指定位置结果: " + sb);
        sb.delete(0, sb.length());                      // 清空缓冲区
        System.out.println(" 清空缓冲区结果: " + sb);
    }
    public static void alter() {
        StringBuffer sb = new StringBuffer("abcdef");
        sb.replace(1, 3, "qq");                         // 替换指定位置字符串或字符
        System.out.println(" 替换指定位置字符（串）结果: " + sb);
        sb.setCharAt(4, 'p');                           // 修改指定位置字符
        System.out.println(" 修改指定位置字符结果: " + sb);
        System.out.println(" 字符串翻转结果: " + sb.reverse());
        System.out.println(" 将字符串以 String 方式输出: "+sb.toString());
    }
}
```

运行结果如图 5 - 17 所示。

图 5 - 17　运行结果

StringBuffer 类和 String 类有很多相似之处，初学者在使用时很容易混淆。接下来针对这两个类进行对比，简单归纳一下两者的不同，具体如下：

（1）String 类表示的字符串是常量，一旦创建后，内容和长度都是无法改变的（如果使用 String 类改变字符串内容，则需要重新创建对象）。而 StringBuffer 表示字符容器，其

内容和长度可以随时修改。在操作字符串时，如果该字符串仅用于表示数据类型，则使用 String 类即可，但是如果需要对字符串中的字符进行增删操作，则使用 StringBuffer 类。

（2）String 类覆盖了 Object 类的 equals() 方法，而 StringBuffer 类没有覆盖 Object 类的 equals() 方法，具体示例如下：

```
String s1 = new String ("abc");
String s2 = new String ("abc");
System.out println (s1.equals (s2));        // 打印结果为 true
StringBuffer sb1 = new StringBuffer ("abc");
StringBuffer sb2 = new StringBuffer ("abc");
System.out.println (sb1.equals (sb2));      // 打印结果为 false
```

（3）String 类对象可以用操作符"＋"进行连接，而 StringBuffer 类对象之间不能，具体示例如下：

```
String s1 = "a";
String s2 = "b";
String s3 = s1+s2;                          // 合法
System.out.println (s3);                    // 打印输出 ab
StringBuffer sb1 = new StringBuffer ("a");
StringBuffer sb1 = new StringBuffer ("b");
StringBuffer sb3 = sb1 + sb2;               // 编译出错
```

了解 String-
Builder 类

5.2.4 StringBuilder 类

了解 String-Builder 类请参考二维码显示。

任务 5-3 模拟用户密码自动生成

任务介绍

1. 任务描述

本任务要求编写一个程序，模拟默认密码的自动生成策略，手动输入用户名，根据用户名自动生成默认密码。在生成密码时，将用户名反转即为默认的密码。

2. 运行结果

运行结果如图 5 - 18 所示。

图 5 - 18　运行结果

任务目标

- 学会分析"模拟默认密码 – 字符串反转"任务的实现思路。
- 根据思路独立完成"模拟默认密码 – 字符串反转"任务的源代码编写、编译及运行。
- 掌握 String 类和 StringBuffer 类中常用方法的使用。
- 掌握之前学习的 for 循环、方法调用等知识。

任务分析

（1）分析任务描述可知，做此任务首先需要用 Scanner 类相关方法实现键盘手动输入一个字符串代表用户名。

（2）要实现默认密码自动生成，根据任务描述可知默认密码就是手动输入用户名的反转及字符串的反转。因此需要将字符串用循环倒着遍历，用 charAt() 方法接收遍历的字符并赋值给空串。

（3）在主函数入口调用刚才的方法，并定义一个字符串变量接收结果。

（4）输出结果，观察控制台的效果。

任务实现

任务实现代码请参考二维码显示。

Test03.java

5.3 System 类

System 类对大家来说并不陌生，因为在之前所学知识中，需要打印结果时，使用的都是" System.out.println();"语句，这句代码中就使用了 System 类。System 类定义了一些与系统相关的属性和方法，它所提供的属性和方法都是静态的，因此，想要引用这些属性和方法，直接使用 System 类调用即可，所以对于 System 类来说，我们不需要学习它的构造方法。System 类的常用方法见表 5 - 8。

表 5 - 8　System 类的常用方法

方法声明	功能描述
static void exit(int status)	该方法用于终止当前正在运行的 Java 虚拟机，其中参数 status 表示状态码，若状态码非 0，则表示异常终止
static void currentTimeMillis()	返回以毫秒为单位的当前时间
static void arraycopy(Object src,int srcPos, Object dest,int destPos,int length)	从 src 引用的指定源数组复制到 dest 引用的数组，复制从指定位置开始，到目标数组的指定位置结束
static Properties getProperties()	取得当前的系统属性
static String getProperty(String key)	获取指定键描述的系统属性
static void gc()	运行垃圾回收器，并对垃圾进行回收

表 5 - 8 中列出了 System 类的常用方法，表中方法的讲解请参考二维码显示。

5.4 Math 类与 Random 类

System 类的
常用方法

5.4.1 Math 类

Math 类提供了大量的静态方法来便于我们实现数学计算，如求绝对值、取最大或最小值等。Math 类的所有方法都是静态方法，因此这些成员方法直接可以使用类名进行调用，构造方法被私有化了，而且不需要学习 Math 类的构造方法。Math 类的常用方法见表 5 - 9。

表 5 - 9　Math 类的常用方法

方法声明	功能描述
abs()	该方法用于计算绝对值
sqrt()	该方法用于计算方根
ceil(a,b)	该方法用于计算大于参数的最小整数
floor()	该方法用于计算小于参数的最小整数
round()	该方法用于计算小数进行四舍五入后的结果
max()	该方法用于计算两个数的较大值
min()	该方法用于计算两个数的较小值
random()	该方法用于生成一个大于 0.0 小于 1.0 的随机值
sqrt()	该方法用于计算开平方的结果
pow()	该方法用于计算指数函数的值

由于 Math 类比较简单，下面通过一个案例对表 5 - 9 的方法进行演示：

```
package cn.itcast13;
public class Example13 {
    public static void main(String[] args) {
        System.out.println(" 计算绝对值的结果： " + Math.abs(-10));
        System.out.println(" 开平方的结果： "+Math.sqrt(4));
        System.out.println(" 求大于参数的最小整数： " + Math.ceil(5.6));
        System.out.println(" 求小于参数的最大整数： " + Math.floor(-4.2));
        System.out.println(" 对小数进行四舍五入后的结果： " + Math.round(-4.6));
        System.out.println(" 求两个数的较大值： " + Math.max(2.1, -2.1));
        System.out.println(" 求两个数的较小值： " + Math.min(2.1, -2.1));
        System.out.println(" 生成一个大于等于 0.0 小于 1.0 随机值： " + Math.random());
        System.out.println(" 指数函数的值： "+Math.pow(2, 3));
    }
}
```

运行结果如图 5 - 19 所示。

图 5 - 19　运行结果

5.4.2　Random 类

Java 的 java.util 包中有一个 Random 类，它可以在指定的取值范围内随机产生数字。Random 类中提供了两个构造方法，见表 5 - 10。

表 5 - 10　Random 的构造方法

方法声明	功能描述
Random()	构造方法，用于创建一个伪随机数生成器
Random(long seed)	构建方法，使用一个 long 型的 seed 种子创建伪随机数生成器

表中 Random 类的两个构造方法，其中第一个构造方法是无参的，通过它创建的Random 实例对象每次使用的种子是随机的，因此每个对象所产生的随机数不同。如果希望创建的多个 Random 实例对象产生相同的随机数，则可以在创建对象时调用第二个构造方法，传入相同的参数即可。下面先采用第一种构造方法来产生随机数：

```
package cn.itcast14;
import java.util.Random;
public class Example14 {
    public static void main(String args[]) {
        Random r = new Random();         // 不传入种子
        // 随机产生 10 个 [0,100) 一个之间的整数
        System.out.println("0-99 之间： "+r.nextInt(100));

    }
}
```

第一次运行结果如图 5 - 20 所示。

图 5 - 20　第一次运行结果

第二次运行结果如图 5 - 21 所示。

图 5 - 21　第二次运行结果

从两次运行结果可知，两次产生的随机数序列是不一样的。这是因为当创建 Random 的实例对象时，没有指定种子，系统会以当前时间戳作为种子，产生随机数。

下面采用第二种带参的构造方法，传入一个参数种子，产生随机数：

```
package cn.itcast15;
import java.util.Random;

public class Example15 {
    public static void main(String args[]) {
        Random r = new Random(13);        // 传入种子
        // 随机产生 10 个 [0,100) 一个之间的整数
        System.out.println("0-99 之间："+r.nextInt(100));

    }
}
```

第一次运行结果如图 5 - 22 所示。

图 5 - 22　第一次运行结果

第二次运行结果如图 5 - 23 所示。

图 5 - 23　第二次运行结果

从这两次运行结果可以看出，创建 Random 类实例对象时，如果指定了相同的种子，则每个实例对象产生的随机数相同。

Random 类还提供了很多的成员方法来生成各种伪随机数，不仅可以生成整数类型的随机数，还可以生成浮点类型的随机数。Random 类常用的成员方法见表 5 - 11。

表 5 - 11　Random 类常用的成员方法

方法声明	功能描述
double nextDouble()	生成 0.0 ～ 1.0 之间 double 类型的随机数
float nextFloat()	生成 0.0 ～ 1.0 之间 float 类型的随机数
int nextInt()	生成 int 类型的随机数
int nextInt(int n)	生成 [0,n) 之间的 int 类型的随机数

下面通过一个案例学习这些方法的使用：

```
package cn.itcast16;
import java.util.Random;
public class Example16 {
    public static void main(String[] args) {
        Random r1 = new Random();          // 创建 Random 实例对象
        System.out.println(" 产生 float 类型随机数： " + r1.nextFloat());
        System.out.println(" 产生 double 类型的随机数： " + r1.nextDouble());
        System.out.println(" 产生 int 类型的随机数： " + r1.nextInt());
        System.out.println(" 产生 0 ～ 100 之间 int 类型的随机数： " + r1.nextInt(100));
    }
}
```

运行结果如图 5 - 24 所示。

图 5 - 24　运行结果

5.5　包装类

　　Java 是一种面向对象的语言，Java 中的类可以把方法与数据连接在一起，但是 Java 语言中却不能把基本的数据类型作为对象来处理。而某些场合下可能需要把基本数据类型的数据作为对象来使用，为了解决这样的问题，JDK 中提供了一系列的包装类，可以把基本数据类型的值包装为引用数据类型的对象，在 Java 中，每种基本数据类型都有对应的包装类，具体见表 5 - 12。

表 5 - 12　基本数据类型对应的包装类

基本数据类型	对应的包装类
byte	Byte
char	Character
int	Integer
short	Short
long	Long
float	Float
double	Double
boolean	Boolean

表 5 - 12 中列举了 8 种基本数据类型及其对应的包装类。包装类和基本数据类型在进行转换时，引入了装箱和拆箱的概念。其中，装箱是指将基本数据类型的值转换为引用数据类型，反之，拆箱是指将引用数据类型的对象转为基本数据类型。下面以 int 类型的包装类 Integer 为例，通过一个案例演示装箱与拆箱的过程：

```
package cn.itcast17;
public class Example17 {
    public static void main(String args[]) {
        // 自动装箱：将基本类型的数据转换为对应的包装类
        int num1 = 20;
        Integer in = num1;
        System.out.println(in);
        // 自动拆箱：将引用类型的数据转换为基本类型
        int num2 =in;
        System.out.println(num2);
    }
}
```

运行结果如图 5 - 25 所示。

图 5 - 25　运行结果

通过查看 API 文档可以知道，Integer 类除了具有 Object 类的所有方法外，还有一些特有的构造方法和成员方法，见表 5 - 13 和表 5 - 14。

表 5 – 13　Integer 类的构造方法

方法声明	功能描述
Integer(int value)	将 int 类型封装成 Integer 的对象
Integer(String s)	将 String 类型的封装成 Integer 对象

表 5 – 14　Integer 类的成员方法

方法声明	功能描述
static Interger valueof(int i)	返回一个指定 int 值的 Integer 实例
static Integer valueOf(String s)	返回一个指定的 String 的值的 Integer 对象
intValue()	将 Integer 对象转为 int 类型整数
static int parseInt(String s)	将字符串数字转换为 int 类型整数

根据表 5 – 13 中的 Integer 的构造方法演示如下案例：

```
package cn.itcast18;
public class Example18 {
    public static void main(String args[]) {
        // 手动装箱：int → Integer
        Integer i1 = new Integer(20);
        System.out.println(i1);
        //String → Integer
        Integer i2 = new Integer("20");
        System.out.println(i2);
    }
}
```

运行结果如图 5 – 26 所示。

图 5 – 26　运行结果

上述代码中，通过 Integer 的第一个构造方法将 int 类型转换为 Integer 类型，即手动装箱。通过 Integer 的第二个构造方法将 String 类型转换为 Integer 类型。值得注意的是，参数传入的只能是数字字符串不能是其他字符串。

接下来，再通过一个案例演示表 5 – 14 中的 Integer 的成员方法：

```
package cn.itcast19;
public class Example19 {
```

```
public static void main(String args[]) {
    //static Interger valueof(int i)  返回一个指定 int 值的 Integer 实例
    Integer i1=Integer.valueOf(30);      // 手动装箱
    System.out.println("int->Integer:"+i1);
    System.out.println("----------------");
    //static Integer valueOf(String s) 返回一个指定的 String 的值的 Integer 对象
    Integer i2=Integer.valueOf("30");
    System.out.println("String->Integer:"+i2);
    System.out.println("----------------");
    // intValue() 将 Integer 对象转为 int 类型整数
    int num1=i2.intValue();              // 手动拆箱
    System.out.println("Integer->int:"+num1);
    System.out.println("----------------");
    //static int parseInt(String s)   将字符串数字转换为 int 类型整数
    int num2 = Integer.parseInt("20")+32;
    System.out.println("String->int 之后再加上 32 等于: " + num2);
  }
}
```

运行结果如图 5 - 27 所示。

图 5 - 27　运行结果

上述代码演示了手动拆箱的过程，Integer 对象通过调用 intValue() 方法，将 Integer 对象转为 int 类型。valueOf() 方法将 int 类型的值转为 Integer 的实例，也可用来手动装箱。Integer 对象通过调用包装类 Integer 的 parseInt() 方法将字符串转为整数，将字符串转为 int 类型，从而可以与 int 类型的常量 32 进行加法运算。

使用包装类时，需要注意以下几点：

（1）包装类都重写了 Object 类中的 toString() 方法，以字符串的形式返回被包装的基本数据类型的值。

（2）除了 Character 外，包装类都有 valueOf(String s) 方法，可以根据 String 类型的参数创建包装类对象，但参数字符串 s 不能为 null，而且字符串必须是可以解析为相应基本类型的数据，否则虽然编译通过，但运行时会报错。具体示例如下：

```
Integer i = Integer.valueOf("123");          // 合法
Integer i = Integer.valueOf("12a");          // 不合法
```

（3）除了 Character 外，包装类都有 parseXxx(String s) 的静态方法，将字符串转换为对应的基本类型的数据。参数 s 不能为 null，而且同样字符串必须可以解析为相应基本类型的数据，否则虽然编译通过，但运行时会报错。具体示例如下：

```
int i = Integer.parseInt("123");              // 合法
Integer in = Integer.parseInt("itcast");      // 不合法
```

5.6 日期时间类

在程序开发中经常需要处理日期和时间，Java 提供了一套专门用于处理日期时间的 API，在日期时间类中了包含 Instant 类、LocalDate 类、LocalTime 类、Duration 类以及 Period 类等，这些类都包含在 java.time 包中。表示日期时间的主要类见表 5-15。

表 5-15　表示日期时间的主要类

类的名称	功能描述
Instant	表示时刻，代表的是时间戳
LocalDate	不包含具体时间的日期
LocalTime	不含日期的时间
LocalDateTime	包含了日期及时间
Duration	基于时间的值测量时间量
Period	计算日期时间差异，只能精确到年月日
Clock	时钟系统，用于查找当前时刻

5.6.1　Instant 类

在学习 Instant 日期之前，我们先来学习一下时间元年的概念。时间元年是 1970 年 1 月 1 日 0 点 0 分 0 秒，大部分的计算机系统都是以这个时间作为时间元年的，但是这个指的是世界的时间，我们中国属于东八区，所以还会有 8 个小时的时差问题。

Instant 类代表的是某个时间（瞬时时间）。其内部是由两个 Long 字段组成，第一部分保存的是标准 Java 计算时代（就是 1970 年 1 月 1 日开始）到现在的秒数，第二部分保存的是纳秒数。

Instant 针对时间的获取、比较与计算提供了一系列的方法，其常用方法见表 5-16。

表 5-16　Instant 类常用方法

方法声明	功能描述
static Instant now()	根据当前系统时间获取对象
static Instant ofEpochSecond(long num)	根据时间元年过了指定秒数获取对象

续表

方法声明	功能描述
static Instant ofEpochMilli(long num)	根据时间元年过了指定毫秒获取对象
static Instant parse(String time)	根据字符串获取对象
static Instant from(Instatntin)	根据指定时间获取对象
long get EpochSecond()	获取秒数
int getNano()	抛开整秒数不算，获取纳秒

表 5 - 16 中列出了 Instant 的一系列常用方法，对于初学者来说比较难理解。下面通过一个案例学习表 5 - 16 中常用方法的具体使用：

```
package cn.itcast20;
import java.time.Instant;
public class Example20 {
    public static void main(String[] args) {
        // Instant 时间戳类从 1970 -01 - 01 00:00:00 截止到当前时间的毫秒值

        // static Instant now() 根据当前系统时间获取对象
        Instant instant1=Instant.now();
        System.out.println(" 从系统获取当前时间 instant1："+instant1);
        // static Instant of EpochSecond(long num)   根据时间元年过了指定秒数获取对象
        Instant instant2=Instant.of EpochSecond(60);
        System.out.println(" 计算机元年增加 60 秒后为 instant2："+instant2);
        // static Instant of EpochMilli(long num)   根据时间元年过了指定毫秒获取对象
        Instant instant3=Instant.of EpochMilli(1000*60);
        System.out.println(" 计算机时间元年增加 6 万毫秒后为 instant3："+instant3);
        // static Instant parse(String time)   根据字符串获取对象
        Instant instant4=Instant.parse("1970-01-01T00:00:01.1z");
        System.out.println(" 将字符串转换为 Instant 对象 instant4："+instant4);
        // static Instant from(Instant in)  根据指定时间获取对象
        Instant instant5=Instant.from(instant4);
        System.out.println(" 根据指定时间获取时间对象 instant5："+instant5);
        // long get EpochSecond()  获取秒数
        long second=instant5.getEpochSecond();
        System.out.println(" 获取的 instant5 秒数为 "+second);
        // int getNano()   抛开整秒数不算，获取纳秒
        int nano=instant5.getNano();
        System.out.println(" 获取的 instant5 纳秒值为："+nano);
    }
}
```

运行结果如图 5 - 28 所示。

由图 5 - 28 运行结果看出，instant1 打印出的时间和当前的时间相差 8 个小时，这是因为运行结果的时间是世界时间。instant4 对象中"1970-01-01T00:00:01.100Z"，其中这

个 T 相当于分隔符，用来分割年月日和时分秒；大写的 Z 代表的是世界标准时间，0 时 0 分 1 秒，这个秒的后面还有一个小数位，1 个小位数就表示是十分之一秒。最后输出的这个 1 亿纳秒，是抛开整秒数不算，获取的是秒后面的小数点秒数，也就是十分之一秒。

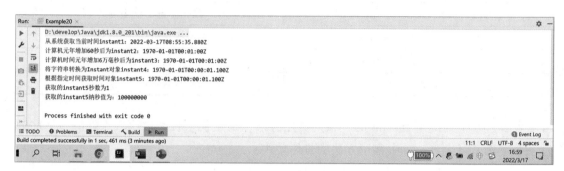

图 5-28 运行结果

5.6.2 LocalDate 类

LocalDate 类仅用来表示日期。通常表示的是年月日，该类不能代表时间线上的即时信息，只是日期的描述。LocateDate 常用的方法较多，可以分以下几类讲解。

1. 获取日期对象（见表 5-17）

表 5-17 LocalDate 常用方法之获取日期对象

方法声明	功能描述
static LocalDate now()	根据当前系统时间获取日期对象
static LocalDate parse(String text)	根据字符串日期获取对象
static LocalDate of(int year,int month,int day)	根据指定年月日获取日期对象
String format(DateTimeFormatter formatter)	根据指定格式将日期转为字符串

接下来通过一个案例演示获取日期对象的相关方法：

```
package cn.itcast21;
import java.time.DateTimeException;
import java.time.LocalDate;
import java.time.format.DateTimeFormatter;

public class Example21 {
    public static void main(String[] args) {
        // static LocalDate now()  根据当前系统时间获取日期对象
        LocalDate ld1= LocalDate.now();
        System.out.println(" 获取当前系统日期对象：" + ld1);

        // static LocalDate parse(String text)  根据字符串日期获取对象
        LocalDate ld2=LocalDate.parse("2088-08-08");
```

```
System.out.println(" 根据字符串获取指定日期对象：  "+ld2);

// static LocalDate of(int year,int month,int day)  根据指定年月日获取日期对象
LocalDate ld3=LocalDate.of(2088,8,8);
System.out.println(" 根据指定日期获取日期对象：  "+ld3);

// String format(DateTimeFormatter formatter)  根据指定格式将日期转为字符串
DateTimeFormatter pattern=DateTimeFormatter.of Pattern("yyyy 年 MM 月 dd 日 ");
String format=ld3.format(pattern);
System.out.println(" 根据指定格式将日期转为字符串：  "+format);

    }
}
```

运行结果如图 5 - 29 所示。

图 5 - 29　运行结果

2. 获取日期字段（见表 5 - 18 ）

表 5 - 18　LocalDate 常用方法之获取日期字段

方法声明	功能描述
int getYear()	获取年份
int getMonthValue()	获取月份
int getDayOfMonth()	获取日期

接下来通过一个案例演示表 5 - 18 的相关方法：

```
package cn.itcast22;
import java.time.LocalDate;
public class Example22 {
  public static void main(String[] args) {
    // int getYear()  获取年份
    LocalDate ld=LocalDate.of(2088,8,8);
    int year=ld.getYear();
    System.out.println(" 获取年份：  "+year);

    // int getMonthValue()  获取月份
    int month=ld.getMonthValue();
    System.out.println(" 获取月份：  "+month);
```

```
//  int getDayOf Month()  获取日期
System.out.println(" 获取日期："+ld.getDayOfMonth());

    }
}
```

运行结果如图 5 - 30 所示。

```
Run:      Example23 ×
        D:\develop\Java\jdk1.8.0_201\bin\java.exe ...
        获取年份: 2088
        获取月份: 8
        获取日期: 8

        Process finished with exit code 0

    TODO     Problems    Terminal    Build    Run                                   Event Log
```

图 5 - 30   运行结果

3. 获取判断相关方法（见表 5 - 19）

表 5 - 19   LocalDate 常用方法之获取判断相关方法

方法声明	功能描述
boolean isBefore(LocalDate date)	判断是否在指定日期之前
boolean isAfter(LocalDate date)	判断是否在指定日期之后
boolean isEqual(LocalDate date)	判断和指定日期是否相同
boolean isLeapYear()	判断是否是闰年

下面案例演示了表 5 - 19 相关方法：

```
package cn.itcast23;
import java.time.LocalDate;

public class Example23 {
  public static void main(String[] args) {
    LocalDate ld1=LocalDate.of(2088,8,8);
    LocalDate ld2=LocalDate.of(2088,9,9);
    //  boolean isBefore(LocalDate date) 判断是否在指定日期之前
    System.out.println("ld1 是否在指定日期 ld2 之前："+ld1.isBefore(ld2));
    //  boolean isAfter(LocalDate date) 判断是否在指定日期之后
    System.out.println("ld1 是否在指定日期 ld2 之后："+ld1.isAfter(ld2));
    //  boolean isEqual(LocalDate date) 判断和指定日期是否相同
    System.out.println("ld1 是否和日期 ld2 相同："+ld1.isEqual(ld2));
    //  boolean isLeapYear() 判断是否是闰年
    System.out.println("ld1 是否是闰年："+ld1.isLeapYear());
  }
}
```

运行结果如图 5 – 31 所示。

图 5 – 31　运行结果

4. 增加或减少日期相关方法（见表 5 – 20）

表 5 – 20　LocalDate 常用方法之增加或减少日期相关方法

方法声明	功能描述
LocalDate plusYears(long num)	增加或减少年（正数向后加，负数向前减）
LocalDate plusMonths(long num)	增加或减少月
LocalDate plusDays(long num)	增加或减少日

接下来通过一个案例演示表 5 – 20 相关方法：

```java
package cn.itcast24;
import java.time.LocalDate;
public class Example24 {
    public static void main(String[] args) {
        LocalDate ld=LocalDate.of(2088,8,8);
        // LocalDate plusYears(long num)　增加或减少年（正数向后加，负数向前减）
        LocalDate ld2=ld.plusYears(-2);
        LocalDate ld3=ld.plusYears(1);
        System.out.println("ld 向前减 2 年："+ld2);
        System.out.println("ld 向后加 1 年："+ld3);
        // LocalDate plusMonths(long num)　增加或减少月
        System.out.println("ld 向后加 1 月："+ld.plusMonths(1));
        // LocalDate plusDays(long num)　增加或减少日
        System.out.println("ld 向前减 2 日："+ld.plusDays(-2));

    }
}
```

运行结果如图 5 – 32 所示。

```
Run:    Example25 ×
    D:\develop\Java\jdk1.8.0_201\bin\java.exe ...
    ld向前减2年:2086-08-08
    ld向后加1年: 2089-08-08
    ld向后加1月: 2088-09-08
    ld向前减2日: 2088-08-06

    Process finished with exit code 0
≣ TODO   ❶ Problems   ☒ Terminal   ⚒ Build   ▶ Run                                                      ❶ Event Log
```

图 5 – 32　运行结果

5. 减少或增加日期相关方法（见表 5 - 21）

表 5 - 21　LocalDate 常用方法之减少或增加日期相关方法

方法声明	功能描述
LocalDate minusYears(long num)	减少或增加年（正数向前减，负数向后加）
LocalDate minusMonths(long num)	减少或增加月
LocalDate minusDays(long num)	减少或增加日

从表 5 - 21 可以看出，这些方法和第 4 个方法，都是增减日期的，但是用法是完全相反的。下面通过一个案例来演示：

```java
package cn.itcast25;
import java.time.LocalDate;
public class Example25 {
    public static void main(String[] args) {
        LocalDate ld=LocalDate.of(2088,8,8);
        // LocalDate minusYears(long num)  减少或增加年（正数向前减，负数向后加）
        System.out.println("ld 向前减 2 年："+ld.minusYears(2));
        System.out.println("ld 向后加 1 年："+ld.minusYears(-1));
        // LocalDate minusMonths(long num)  减少或增加月
        System.out.println("ld 向后加 1 月："+ld.minusMonths(-1));
        // LocalDate minusDays(long num)   减少或增加日
        System.out.println("ld 向前减 2 日："+ld.minusDays(2));


    }
}
```

运行结果如图 5 - 33 所示。

图 5 - 33　运行结果

由图 5 - 33 运行结果可知，这一系列的方法和第 4 个 puls 方法都是相似的，推荐大家记住第 4 个方法 plus 系列的方法，不管是向后加还是向前减，都取决于 plus 参数后面相关的正负数。

6. 直接修改日期相关方法（见表 5-22）

表 5－22　LocalDate 常用方法之直接修改日期相关方法

方法声明	功能描述
LocalDate withYear(int year)	修改年
LocalDate withMonth(int month)	修改月
LocalDate withDayOfMonth(int day)	修改日

接下来通过一个案例演示表 5－22 相关方法：

```
package cn.itcast26;
import java.time.LocalDate;
public class Example26 {
  public static void main(String[] args) {
    LocalDate ld=LocalDate.of(2088,8,8);
    // LocalDate withYear(int year) 修改年
    System.out.println(" 修改 ld 对象年为 2099："+ld.withYear(2099));
    // LocalDate withMonth(int month)  修改月
    System.out.println(" 修改 ld 对象月为 10:"+ld.withMonth(10));
    // LocalDate withDayOf Month(int day)  修改日
    System.out.println(" 修改 ld 对象日为 10： "+ld.withDayOfMonth(10));

  }
}
```

运行结果如图 5－34 所示。

图 5－34　运行结果

5.6.3　LocalTime 类与 LocalDateTime 类

1. LocalTime 类

LocalTime 类用来表示时间，通常表示的是小时分钟秒。与 LocalData 类一样，该类不能代表时间线上的即时信息，只是时间的描述。在 LocalTime 类中提供了获取时间对象的方法，与 LocalData 用法类似。

同时，LocalTime 类也提供了与日期类相对应的时间格式化、增减时分秒等常用方法，这些方法与日期类相对应，这里不再详细列举。下面通过一个案例来学习一下 LocalTime 类的方法：

```
package cn.itcast27;
import java.time.LocalTime;
import java.time.format.DateTimeFormatter;

public class Example27 {
    public static void main(String[] args) {
        // 获取当前系统时间对象
        LocalTime time1 = LocalTime.now();
        System.out.println(" 获取当前系统时间（时分秒）: "+time1);

        // 获取参数指定时间对象
        LocalTime time2 = LocalTime.of(10,10,10);
        System.out.println(" 获取指定时间的对象 "+time2);

        // 将时间对象按照指定格式输出
        System.out.println(" 将 time2 对象格式化为: "+
            time2.format(DateTimeFormatter.ofPattern(" HH:mm:ss")));

        // 获取时间对象的小时
        System.out.println(" 从 time2 对象获取的小时为: "+time2.getHour());

        // 增加小时
        System.out.println(" 将 time2 对象增加 2 小时: "+time2.plusHours(2));

        // 判断时间对象是否在指定时间之前
        System.out.println(" 判断 time2 是否在 time1 之前: "+time2.isBefore(time1));

        // 将字符串时间转为时间对象
        System.out.println(" 将时间字符串解析为时间对象后为: "+
            LocalTime.parse("12:15:30"));
    }
}
```

运行结果如图 5 – 35 所示。

图 5 – 35　运行结果

由上述案例可以看出，LocalTime 类的方法的使用与 LocalDate 基本一样。

2. LocalDataTime 类

LocalDataTime 类是 LocalData 类与 LocalTime 类的综合，它既包含日期也包含时间，通过查看 API 可以知道，LocalDataTime 类中的方法包含了 LocalData 类与 LocalTime 类的方法。

需要注意的是，LocalDateTime 默认的格式是 2020-02-29T21:23:26.774，这可能与我们经常使用的格式不太符合，所以它经常和 DateTimeFormatter 一起使用指定格式。另外，LocalData Time 除了拥有 LocalData 与 LocalTime 类中的方法，额外还有转换的方法，如下：

```
LocalDate toLocalDate()        转换为日期对象，包含年月日
LocalDime toLocalTime()        转换为时间对象，包含时分秒
```

下面通过一个案例来学习 LocalDataTime 类中特有的方法：

```java
package cn.itcast28;
import java.time.LocalDateTime;
import java.time.format.DateTimeFormatter;

public class Example28 {
    public static void main(String[] args) {
        // 获取当前年月日，时分秒
        LocalDateTime now = LocalDateTime.now();
        System.out.println(" 获取的当前日期时间为："+now);

        System.out.println(" 将目标 LocalDateTime 转换为相应的 LocalDate 实例："+
            now.toLocalDate());
        System.out.println(" 将目标 LocalDateTime 转换为相应的 LocalTime 实例："+
            now.toLocalTime());
        // 指定格式
        DateTimeFormatter ofPattern = DateTimeFormatter.ofPattern
            ("yyyy 年 MM 月 dd 日 HH 时 mm 分 ss 秒 ");
        System.out.println(" 格式化后的日期时间为："+now.format(ofPattern));
    }
}
```

运行结果如图 5 - 36 所示。

图 5 - 36　运行结果

5.6.4　Duration 类与 Period 类

在 JDK8 中引入的 Duration 类与 Period 类为开发提供了简单的时间计算方法。下面具体讲解 Duration 类与 Period 类的使用。

1. Duration 类

Duration 类基于时间值，代表时间间隔类，其作用范围是天、时、分、秒、毫秒和纳秒，Duration 类的常用方法见表 5 – 23。

表 5 – 23　Duration 类的常用方法

方法声明	功能描述
static Duration between(LocalTime t1,LocalTime t2)	根据时间对象获取间隔对象
long toHours()	获取间隔的小时
long toMinutes()	获取间隔的分钟
long toMillis()	获取间隔的毫秒
long toNanos()	获取间隔的纳秒

下面通过一个案例讲解 Duration 类中常用方法的使用：

```java
package cn.itcast29;
import java.time.Duration;
import java.time.LocalTime;

public class Example29 {
    public static void main(String[] args) {

        LocalTime start = LocalTime.of(9,9,9);
        LocalTime end = LocalTime.of(10,10,10);

        // static Duration between(LocalTime t1,LocalTime t2)  根据时间对象获取间隔对象
        Duration duration = Duration.between(start, end);

        // long toHours()  获取间隔的小时
        System.out.println(" 相隔的小时： "+duration.toHours());
        // long toMinutes() 获取间隔的分钟
        System.out.println(" 相隔的分钟： "+duration.toMinutes());

        // long toMillis()  获取间隔的毫秒
        System.out.println(" 相隔的毫秒： "+duration.toMillis());

        // long toNanos()  获取间隔的纳秒
        System.out.println(" 相隔的纳秒： "+duration.toNanos());

    }

}
```

运行结果如图 5 – 37 所示。

图 5 - 37　运行结果

2. Period 类

Period 类主要用于计算两个日期的间隔，与 Duration 类相同，也是通过 between 计算日期间隔，并提供了获取年月日的三个常用方法，分别是 getYears()、getMonths() 和 getDays()。Period 类的常用方法见表 5 - 24。

表 5 - 24　Period 类的常用方法

方法声明	功能描述
static Period between(LocalDate t1,LocalDate t2)	根据日期对象获取间隔对象
int getYears()	获取间隔的年数
int getMonths()	获取间隔的月份
int getDays()	获取间隔的天数

下面通过一个案例讲解 Period 类中常用方法的使用：

```
package cn.itcast30;
import java.time.LocalDate;
import java.time.Period;

public class Example30 {
    public static void main(String[] args) {
        LocalDate d1 = LocalDate.of(2022, 8, 8);
        LocalDate d2 = LocalDate.of(2023, 9, 9);
        // static Period between(LocalDate t1,LocalDate t2) 根据日期对象获取间隔对象
        Period between = Period.between(d1,d2);

        // int getYears()  获取间隔的年数
        System.out.println(" 时间间隔为 "+between.getYears()+" 年 ");
        // int getMonths()  获取间隔的月份
        System.out.println(" 时间间隔为 "+between.getMonths()+" 月 ");
        // int getDays()  获取间隔的天数
        System.out.println(" 时间间隔为 "+between.getDays()+" 天 ");

    }
}
```

运行结果如图 5 - 38 所示。

图 5 – 38　运行结果

任务 5-4　二月天

任务介绍

1. 任务描述

二月是一个有趣的月份，平年的二月有 28 天，闰年的二月有 29 天。闰年每四年一次，在判断闰年时，可以使用年份除以 4，如果能够整除，则该年是闰年。

本例要求编写一个程序，从键盘输入年份，根据输入的年份计算这一年的 2 月有多少天。在计算二月份天数时，可以使用日期时间类的相关方法实现。

2. 运行结果

运行结果如图 5 – 39 所示。

图 5 – 39　运行结果

任务目标

- 学会分析"二月天"任务的实现思路。
- 根据思路独立完成"二月天"任务的源代码编写、编译及运行。
- 掌握在程序中使用日期类的使用。
- 掌握 Scanner 类中键盘输入的使用。

任务分析

（1）分析任务描述可知，要实现此功能，首先程序要用键盘录入一个年份，可以使用 Scanner 类实现。

（2）设置日历对象的年、月、日。

年：来自于键盘的输入；

月：设置为 3 月，因为我们需要计算 2 月的天数，可以通过 3 月 1 号推前一天就是 2

月的最后一天；

日：设置为 1 天。

（3）获取 2 月的天数并输出，将结果打印到控制台。

Test04.java

任务实现

任务实现代码请参考二维码显示。

本章小结

本章详细介绍了 Java API 的基础知识。首先介绍了 API 文档以及 API 文档的使用；其次从 String 类、StringBuffer 类和 StringBuilder 类这三个类的使用上介绍了字符串类；接着介绍了 System 类的使用；然后介绍了 Math 类与 Random 类的使用；最后介绍了基本类型所对应的包装类以及日期时间相关的类。深入理解 Java API，对以后的实际开发大有裨益。

本章习题

一、填空题

1. 在 Java 中定义了两个类来封装对字符串的操作，分别是_____和_____。

2. 在程序中获取字符串长度的方法是_____。

3. Math 类中，用于获取一个数的绝对值的方法是_____。

4. java.util 包中的 Random 类的作用是可以在指定的取值范围内_____。

5. 在 Java 语言中，Java.lang 包中定义了三种字符串类：_____、_____和_____。

6. Instant 类代表的是某个时间。其内部是由两个_____组成，第一部分保存的是_____到现在的秒数，第二部分保存的是_____。

二、判断题

1. String 对象和 StringBuffer 对象多是字符串变量，创建后都可以修改。（   ）

2. Math.round(double d) 方法的作用是，将一个数四舍五入，并返回一个 double 数。（   ）

3. StringBuffer 类和 String 类一样，都是不可变对象。（   ）

4. Math 类不能被其他类继承，它的方法和属性均为静态的。（   ）

三、选择题

1. 以下关于 String 类的常见操作中，哪个是方法会返回指定字符 ch 在字符串中最后一次出现位置的索引？（   ）

    A. int indexOf(int ch)   B. int lastIndexOf(int ch)

    C. int indexOf(String str)   D. int lastIndexOf(String str)

2. String s="itcast"；则 s.substring(3,4) 返回的字符串是（   ）。

A. ca   B. c   C. a   D. as

3. 下列选项中，可以正确实现 String 初始化的是（　　　）。

    A. String str = "abc";   B. String str = 'abc';

    C. String str = abc;   D. String str = 0;

4. 下面关于 Math.random() 方法生成的随机数，正确的是（　　　）。

    A. 0.8652963898062596   B. −0.2

    C. 3.0   D. 1.2

5. 下列选项中，哪个是程序正确的输出结果？（　　　　）

```
1  class StringDemo{
2    public static void main(String[] args){
3      String s1 = "a";
4      String s2 = "b";
5      show(s1,s2);
6      System.out.println(s1+s2);
7    }
8    public static void show(String s1,String s2){
9      s1 = s1 +"q";
10     s2 = s2 + s1;
11   }
12 }
```

    A. ab   B. aqb   C. aqbaq   D. aqaqb

四、简答题

1. 简述 String 和 StringBuffer 的区别。

2. 简述装箱和拆箱的概念。

五、编程题

1. 编写程序，生成 5 个不重复的 1～100 之间正整数并输出。

2. 通过键盘录入一个字符串，完成字符串的大小写转换并倒序输出。例如，键盘录入 "XuZhouGongYe"，输出为 "EyGNOgUOHzUx"。

第6章
集合

 教学目标

知识目标

1. 了解集合与 Collection 接口。
2. 掌握 List 接口、Set 接口以及 Map 接口的使用。
3. 掌握 Iterator 迭代器和 foreach 循环的使用。
4. 掌握数字 Lambda 表达式的使用。

能力目标

1. 学会 List、Set、Map 接口及其子类的使用，以及熟练地知道这三个接口的区别和运用场景。
2. 学习使用 Iterator 迭代器和 foreach 语句遍历集合。
3. 学会使用 Lambda 表达式来简化代码。

素质目标

培养学生树立远大理想，确立正确的人生观和价值观。

学习 Java 语言，就必须学习如何使用 Java 的集合类。Java 中的集合类就像一个容器，专门用来存储 Java 类的对象。接下来，本章将针对 Java 中的集合类进行详细的讲解。

6.1 集合概述

前面的章节已经介绍过在程序中可以通过数组来保存多个对象，但在某些情况下开发人员无法预先确定需要保存对象的个数，此时数组将不再适用，因为数组的长度不可变。例如，要保存一个学校的学生信息，由于不停有新生来报道，同时也有学生毕业离开学校，这时学生的数目就很难确定。为了在程序中可以保存这些数目不确定的对象，JDK 中提供了一系列特殊的类，这些类可以存储任意类型的对象，并且长度可变，在 Java 中这些类被统称为集合。集合类都位于 java.util 包中，在使用时一定要注意导包的问题，否则会出现异常。

集合按照其存储结构可以分为两大类，即单列集合 Collection 和双列集合 Map，这两种集合的特点具体如下：

◆ Collection：单列集合类的根接口，用于存储一系列符合某种规则的元素，它有两个重要的子接口，分别是 List 和 Set。其中，List 的特点是元素有序，元素可重复；Set 的特点是元素无序，而且不可重复。List 接口的主要实现类有 ArrayList 和 LinkedList，Set 接口的主要实现类有 HashSet 和 TreeSet。

◆ Map：双列集合类的根接口，用于存储具有键（Key）、值（Value）映射关系的元素，每个元素都包含一对键值，其中键值不可重复并且每个键最多只能映射到一个值，在使用 Map 集合时可以通过指定的 Key 找到对应的 Value。例如，根据一个学生的学号就可以找到对应的学生。Map 接口的主要实现类有 HashMap 和 TreeMap。

为了便于初学者系统地学习集合的相关知识，下面通过图 6-1 来描述整个集合类的继承体系。

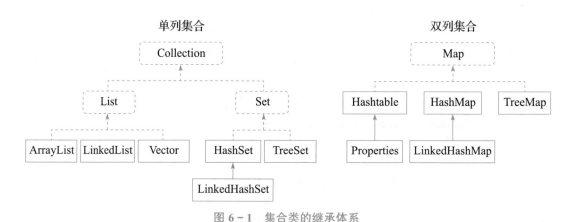

图 6-1　集合类的继承体系

6.2　Collection 接口

Collection 是所有单列集合的父接口，它定义了单列集合（List 和 Set）通用的一些方法，这些方法可用于操作所有的单列集合。Collection 接口的常用方法见表 6-1。

表 6 - 1　Collection 接口的常用方法

方法声明	功能描述
boolean add(Object o)	向集合中添加一个元素
boolean addAll(Collection c)	将指定 Collection 中的所有元素添加到该集合中
void clear()	删除该集合中的所有元素
boolean remove(Object o)	删除该集合中指定的元素
boolean removeAll(Collection c)	删除指定集合中的所有元素
boolean isEmpty()	判断该集合是否为空
boolean contains(Object o)	判断该集合中是否包含某个元素
boolean containsAll(Collection c)	判断该集合中是否包含指定集合中的所有元素
Iterator iterator()	返回在该集合的元素上进行迭代的迭代器（Itrator），用于遍历该集合所有元素
int size()	获取该集合元素个数

表 6 - 1 中列举出了 Collection 接口的一些方法，在开发中，往往很少直接使用 Collection 接口进行开发，基本上都是使用其子接口，子接口主要有 List、Set、Queue 和 SortSet。

6.3　List 接口

6.3.1　List 接口简介

List 接口继承自 Collection 接口，是单列集合的一个重要分支，通常习惯性地将实现了 List 接口的对象称为 List 集合。List 集合允许出现重复的元素，所有的元素是以一种线性方式进行存储的，在程序中可以通过索引访问 List 集合中的指定元素。另外，List 集合还有一个特点就是元素有序，即元素的存入顺序和取出顺序一致。

List 作为 Collection 集合的子接口，不但继承了 Collection 接口中的全部方法，而且还增加了一些根据元素索引操作集合的特有方法。List 集合的常用方法见表 6 - 2。

表 6 - 2　List 集合的常用方法

方法声明	功能描述
void add(int index,Object element)	将元素 element 插入在 List 集合的 index 处
boolean addAll(int index, Collection c)	将集合 c 所包含的所有元素插入到 List 集合的 index 处
Object get(int index)	返回集合索引 index 处的元素
Object remove(int index)	删除 index 索引处的元素

续表

方法声明	功能描述
Object set(int index,Object element)	将索引 index 处元素替换成 element 对象，并替换后的元素返回
int indexOf(Object o)	返回对象 o 在 List 集合中出现的位置索引
int lastIndexOf(Object o)	返回对象 o 在 List 集合中最后一次出现的位置索引
List subList(int fromIndex, int toIndex)	返回从索引 fromIndex（包括）到 toIndex（不包括）处所有元素集合组成的子集合

表 6 - 2 列举出了 List 集合的常用方法，List 的所有实现类都可以通过调用这些方法操作集合元素。

6.3.2　ArrayList 集合

ArrayList 是 List 接口的一个实现类，它是程序中最常见的一种集合。在 ArrayList 内部封装了一个长度可变的数组对象，当存入的元素超过数组长度时，ArrayList 会在内存中分配一个更大的数组来存储这些元素，因此可以将 ArrayList 集合看作一个长度可变的数组。

ArrayList 集合中大部分方法都是从父类 Collection 和 List 继承过来的。AraayList 常用的构造方法格式如下：

ArrayList list=new ArrayList();

ArrayList 常用的成员方法见表 6 - 3。

表 6 - 3　ArrayList 常用的成员方法

方法声明	功能描述
boolean add(E e)	将指定元素 e 添加到此列表的末尾，返回添加是否成功
void add(int index,E element)	在此列表中的 index 索引处添加元素 element
E get(intdex)	返回指定索引处的元素
int size()	返回集合元素的个数
boolean remove(Object o)	删除指定元素，返回删除是否成功
E remove(int index)	删除指定索引处的元素，返回被删除的元素
E set(int index,E element)	修改指定索引处的元素，返回被修改的元素

下面我们通过一个案例演示表 6 - 3 相关方法：

```
package cn.itcast01;
import java.util.ArrayList;
```

```
public class Example01 {
    public static void main(String[] args) {
        System.out.println(" 增加元素： ");
        addArray();
        System.out.println("--------------------");
        System.out.println(" 删除元素： ");
        deleteArray();
        System.out.println("--------------------");
        System.out.println(" 修改元素： ");
        setArray();
        System.out.println("--------------------");
        System.out.println(" 查询元素： ");
        getArray();
    }
    public static void addArray(){
        // 创建集合对象
        ArrayList<String> array = new ArrayList<String>();
        //  boolean add(E e) 将指定元素 e 添加到此列表的末尾，返回添加是否成功
        array.add(" 张三 ");
        array.add(" 李四 ");
        array.add(" 王五 ");
        //   void add(int index,E element)  在此列表中的 index 索引处添加元素 element
        array.add(1,"hello");
        System.out.println(array);
    }
    // 删除元素
    public static void deleteArray(){
        // 创建集合对象
        ArrayList<String> array = new ArrayList<String>();
        array.add(" 张三 ");
        array.add(" 李四 ");
        array.add(" 王五 ");
        array.add(" 赵六 ");
        // boolean remove(Object o)  删除指定元素，返回删除是否成功
        array.remove(" 删除元素李四： "+" 李四 ");
        System.out.println(array);
        // E remove(int index) 删除指定索引处的元素，返回被删除的元素
        array.remove(2);
        System.out.println(array);
    }
    // 修改元素
    public static void setArray(){
        // 创建集合对象
        ArrayList<String> array = new ArrayList<String>();
        // boolean add(E e)  将指定元素 e 添加到此列表的末尾，返回添加是否成功
        array.add(" 张三 ");
        array.add(" 李四 ");
        array.add(" 王五 ");
        array.add(" 赵六 ");
```

ArrayList 集合的
使用

```
        // E set(int index,E element) 修改指定索引处的元素，返回被修改的元素
        array.set(1,"world");
        System.out.println(array);
    }
    // 修改元素
    public static void getArray(){
        // 创建集合对象
        ArrayList<String> array = new ArrayList<String>();
        //   boolean add(E e) 将指定元素 e 添加到此列表的末尾，返回添加是否成功
        array.add(" 张三 ");
        array.add(" 李四 ");
        array.add(" 王五 ");
        array.add(" 赵六 ");
        // E get(intdex)  返回指定索引处的元素
        System.out.println(array.get(1));
        // int size()  返回集合元素的个数
        System.out.println(" 获取集合的长度： "+array.size());
    }
}
```

运行结果如图 6 – 2 所示。

图 6 – 2　运行结果

在上述案例中，我们创建一个集合类对象时，是使用 " ArrayList<String> array=new ArrayList<String>()" 来创建的。如果仅仅使用 " ArrayList array=new ArrayList()" 创建集合类的话，在 IntelliJ IDEA 中编译上述程序时，会得到警告信息，提示在使用 ArrayList 集合时并没有明确指定集合中存储什么类型的元素，会产生安全隐患，这涉及泛型安全机制的问题。所以一般来说，集合存入什么类型，就用 <> 来表明类型。

另外，在编写程序时，不要忘记使用 " import java.util.ArrayList;" 语句导包，否则 IDEA 会提示类型不能解决的错误信息，将鼠标移动到报出错误的 ArrayList() 上，错误显示如图 6 – 3 所示。

要解决此问题，只需将光标移动到报错代码 ArrayList 上，使用【Alt+Enter】快捷键就可以自动导入 ArrayList 的包。在后面的案例中会大量地用到集合类，为了方便，程序中可以使用 " import java.util.*;" 来进行导包，其中 * 为通配符，整个语句的意思是将 java.util 包中的内容都导入进来。

```
Example01.java ×
1    package cn.itcast01;
2    public class Example01 {                                            ! 33  ✓ 1  ^  ∨
3  ▶      public static void main(String[] args) {
4            System.out.println("增加元素: ");
5            addArray();
6            System.out.println("--------------------");
7            System.out.println("删除元素: ");
8            deleteArray();
9            System.out.println("--------------------");
10           System.out.println("修改元素: ");
11           setArray();
12           System.out.println("--------------------");
13           System.out.println("查询元素: ");
14           getArray();
15        }
16        public static void addArray(){
17           //创建集合对象
18           ArrayList<String> array = new ArrayList<String>();
19                 ┌─────────────────────────────────────────────┐ ⋮
Build:  Build Output ×   │ Cannot resolve symbol 'ArrayList'           │          ✿ ─
      ∧    ∨ Example01.ja│ Import class  Alt+Shift+Enter  More actions...  Alt+Enter │ rts\JavaSE-Code\chapter06\src\cn\itcast01\Example01.java:18:9   ⇶ ─
      ▣         ! 找不到符号 :18                              java: 找不到符号                                                     ↧
      ⚙         ! 找不到符号 :18                                  符号:   类 ArrayList
      🔧        ! 找不到符号 :31                                  位置:   类 cn.itcast01.Example01
      ⚲        ! 找不到符号 :31
      ⊕        ! 找不到符号 :46
                ! 找不到符号 :46
                ! 找不到符号 :59
                ! 找不到符号 :59
≡ TODO  ● Problems  ⊠ Terminal  ⚒ Build  ▶ Run                                    ① Event Log
```

图 6 - 3   错误信息

6.3.3 LinkedList 集合

ArrayList 集合在查询元素时速度很快，但在增删元素时效率较低。为了克服这种局限性，可以使用 List 接口的另一个实现类 LinkedList。LinkedList 集合内部维护了一个双向循环链表，链表中的每一个元素都使用引用的方式来记住它的前一个元素和后一个元素，从而可以将所有的元素彼此连接起来。当插入一个新元素时，只需要修改元素之间的这种引用关系即可，删除一个节点也是如此。正因为这样的存储结构，所以 LinkedList 集合对于元素的增删操作具有很高的效率。

图 6-4 中描述了 LinkedList 集合新增元素和删除元素的过程。其中，图 6-4（a）为新增一个元素，图中的元素 1 和元素 2 在集合中彼此为前后关系，在它们之间新增一个元素时，只需要让元素 1 记住它后面的元素是新元素，让元素 2 记住它前面的元素为新元素就可以了。图 6-4（b）为删除元素，想要删除元素 1 与元素 2 之间的元素 3，只需要让元素 1 与元素 2 变成前后关系就可以了。由此可见，LinkedList 集合具有新增和删除元素效率高的特点。

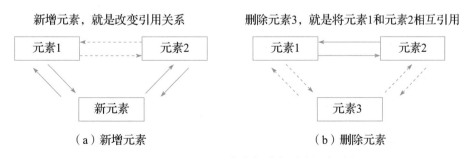

图 6 - 4   LinkedList 集合新增和删除元素过程

针对元素的增加和删除操作，LinkedList 集合定义了一些特有的方法，见表 6 - 4。

表 6 - 4　LinkedList 集合增加和删除元素特有的方法

方法声明	功能描述
void add(int index, E element)	在此列表中指定的位置插入指定的元素
void addFirst(Object o)	将指定元素插入此列表的开头
void addLast(Object o)	将指定元素添加到此列表的结尾
Object getFirst()	返回此列表的第一个元素
Object getLast()	返回此列表的最后一个元素
Object removeFirst()	移除并返回此列表的第一个元素
Object removeLast()	移除并返回此列表的最后一个元素

表 6 - 4 中列出的方法主要是针对集合中的元素进行增加、删除和获取操作。接下来通过一个案例学习 LinkedList 方法的使用：

```java
package cn.itcast02;
import java.util.*;
public class Example02 {
    public static void main(String[] args) {
        LinkedList link = new LinkedList();        // 创建 LinkedList 集合
        link.add(" 张三 ");
        link.add(" 李四 ");
        link.add(" 王五 ");
        link.add(" 赵六 ");
        System.out.println(link.toString());       // 取出并打印该集合中的元素
        link.add(3, "Student");                    // 向该集合中指定位置插入元素
        link.addFirst("First");                    // 向该集合第一个位置插入元素
        System.out.println(link);
        System.out.println(link.getFirst());       // 取出该集合中第一个元素
        link.remove(3);                            // 移除该集合中指定位置的元素
        link.removeFirst();                        // 移除该集合中第一个元素
        System.out.println(link);
    }
}
```

运行结果如图 6 - 5 所示。

图 6 - 5　运行结果

6.3.4　Iterator 接口

在程序开发中，经常需要遍历集合中的所有元素。针对这种需求，Java 专门提供了一个接口 Iterator。Iterator 接口也是集合中的一员，但它与 Collection、Map 接口有所不同。Collection 接口与 Map 接口主要用于存储元素，而 Iterator 主要用于迭代访问（即遍历）Collection 中的元素，因此 Iterator 对象也被称为迭代器。接下来通过一个案例学习如何使用 Iterator 迭代集合中的元素：

```java
package cn.itcast03;
import java.util.*;
public class Example03 {
    public static void main(String[] args) {
        ArrayList list = new ArrayList();     // 创建 ArrayList 集合
        list.add(" 张三 ");                    // 向该集合中添加字符串
        list.add(" 李四 ");
        list.add(" 王五 ");
        list.add(" 赵六 ");
        Iterator it = list.iterator();         // 获取 Iterator 对象
        while (it.hasNext()) {                 // 判断 ArrayList 集合中是否存在下一个元素
            Object obj = it.next();            // 取出 ArrayList 集合中的元素
            System.out.println(obj);
        }
    }
}
```

运行结果如图 6 - 6 所示。

图 6 - 6　运行结果

上述代码中定义了一个迭代器。当遍历元素时，首先通过调用 ArrayList 集合的 iterator() 方法获得迭代器对象；然后使用 hasNext() 方法判断集合中是否存在下一个元素，如果存在，则调用 next() 方法将元素取出，否则说明已到达了集合末尾，停止遍历元素。需要注意的是，在通过 next() 方法获取元素时，必须保证要获取的元素存在，否则，会抛出 NoSuchElementException 异常。

Iterator 迭代器对象在遍历集合时，内部采用指针的方式来跟踪集合中的元素，为了让初学者能更好地理解迭代器的工作原理，接下来通过图 6 - 7 演示 Iterator 对象迭代元素的过程。

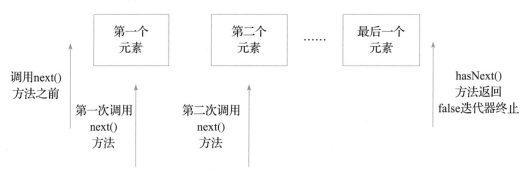

第一次调用next()方法的返回值

图 6 - 7　遍历元素过程图

图中在调用 Iterator 的 next() 方法之前，迭代器的索引位于第一个元素之前，不指向任何元素，当第一次调用迭代器的 next() 方法后，迭代器的索引会向后移动一位，指向第一个元素并将该元素返回，当再次调用 next() 方法时，迭代器的索引会指向第二个元素并将该元素返回，以此类推，直到 hasNext() 方法返回 false，表示到达了集合的末尾，终止对元素的遍历。

需要特别说明的是，通过迭代器获取 ArrayList 集合中的元素时，这些元素的类型都是 Object 类型，如果想获取到特定类型的元素，则需要进行对数据类型强制转换。

> ⏰ 特别提醒：并发修改异常！
>
> 在使用 Iterator 迭代器对集合中的元素进行迭代时，如果调用了集合对象的 remove() 方法去删除元素之后，继续使用迭代器遍历元素，会出现异常。

接下来通过一个案例演示这种异常。假设在一个集合中存储了学校所有学生的姓名，由于一个名为张三的学生中途转学，这时就需要在迭代集合时找出该元素并将其删除，具体代码如下：

```java
package cn.itcast04;
import java.util.*;
public class Example04 {
    public static void main(String[] args) {
        ArrayList list = new ArrayList();      // 创建 ArrayList 集合
        list.add(" 张三 ");
        list.add(" 李四 ");
        list.add(" 王五 ");
        Iterator it = list.iterator();          // 获得 Iterator 对象
        while (it.hasNext()) {                   // 判断该集合是否有下一个元素
            Object obj = it.next();              // 获取该集合中的元素
            if (" 张三 ".equals(obj)) {          // 判断该集合中的元素是否为张三
```

```
            list.remove(obj);           // 删除该集合中的元素
        }
    }
    System.out.println(list);
    }
}
```

运行结果如图 6 - 8 所示。

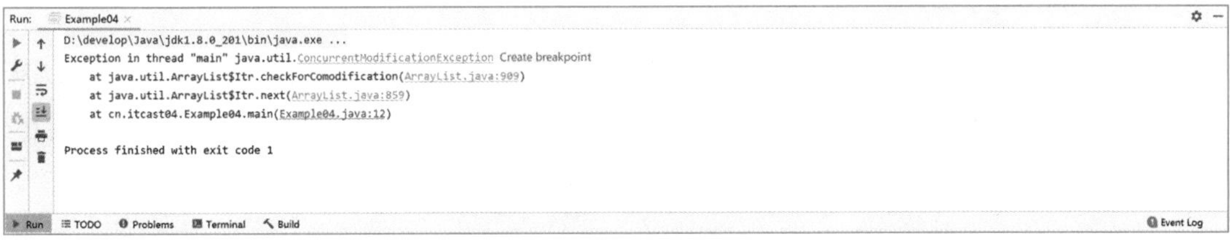

图 6 - 8　运行结果

上述程序在运行时出现了并发修改异常 ConcurrentModificationException。这个异常是迭代器对象抛出的，出现异常的原因是集合在迭代器运行期间删除了元素，使迭代器预期的迭代次数发生改变，导致迭代器的结果不准确。

要解决上述问题，可以采用两种方式，下面分别介绍。

第一种方式：从业务逻辑上讲只想将姓名为张三的学生删除，至于后面还有多少学生并不需要关心，只需找到该学生后跳出循环不再迭代即可，也就是在第 12 行代码下面增加一个 break 语句，代码如下：

```
if (" 张三 ".equals(obj)) {
    list.remove(obj);
    break;
}
```

在使用 break 语句跳出循环后，由于没有继续使用迭代器对集合中的元素进行迭代，因此，集合中删除元素对程序没有任何影响。

第二种方式：如果需要在集合的迭代期间对集合中的元素进行删除，可以使用迭代器本身的删除方法，将 list.remove() 替换成 it.remove() 即可解决这个问题：

```
if (" 张三 ".equals(obj)) {
    it.remove();
}
```

替换代码后再次运行程序，运行结果如图 6 - 9 所示。

根据图 6 - 9 运行结果可知，学员张三确实被删除了，并且没有出现异常。因此可以得出结论，调用迭代器对象的 remove() 方法删除元素所导致的迭代次数变化，对于迭代器对象本身来讲是可预知的。

图 6 – 9   运行结果

6.3.5   foreach 循环

虽然 Iterator 可以用来遍历集合中的元素，但写法上比较烦琐，为了简化书写，从 JDK5 开始，提供了 foreach 循环。foreach 循环是一种更加简洁的 for 循环，也称增强 for 循环。foreach 循环用于遍历数组或集合中的元素，具体语法格式如下：

```
for( 容器中元素类型 临时变量 : 容器变量 ) {
    执行语句
}
```

从上面的格式可以看出，与 for 循环相比，foreach 循环不需要获得容器的长度，也不需要根据索引访问容器中的元素，但它会自动遍历容器中的每个元素。接下来通过一个案例演示 foreach 循环的用法：

```
package cn.itcast05;
import java.util.*;
public class Example05 {
    public static void main(String[] args) {
        ArrayList list = new ArrayList();        // 创建 ArrayList 集合
        list.add("aaa");                          // 向 ArrayList 集合中添加字符串元素
        list.add("bbb");
        list.add("ccc");
        for (Object obj : list) {                 // 使用 foreach 循环遍历 ArrayList 对象
            System.out.println(obj);              // 取出并打印 ArrayList 集合中的元素
        }
    }
}
```

运行结果如图 6 – 10 所示。

图 6 – 10   运行结果

由上述案例可以看出，foreach 循环在遍历集合时语法非常简洁，没有循环条件，也没有迭代语句，所有这些工作都交给虚拟机去执行了。foreach 循环的次数是由容器中元素的个数决定的，每次循环时，foreach 中都通过变量将当前循环的元素记住，从而将集合中的元素分别打印出来。

> ⏰ **特别提醒：** foreach 循环的局限性。
>
> foreach 循环虽然书写起来很简洁，但在使用时也存在一定的局限性。当使用 foreach 循环遍历集合和数组时，只能访问集合中的元素，不能对其中的元素进行修改。

接下来以一个 String 类型的数组为例演示 foreach 循环的缺陷：

```java
package cn.itcast06;
public class Example06 {
    static String[] strs = { "aaa", "bbb", "ccc" };
    public static void main(String[] args) {
        // foreach 循环遍历数组
        for (String str : strs) {
            str = "ddd";
        }
        System.out.println("foreach 循环修改后的数组： " + strs[0] + "," + strs[1] + ","+ strs[2]);
        // for 循环遍历数组
        for (int i = 0; i < strs.length; i++) {
            strs[i] = "ddd";
        }
        System.out.println(" 普通 for 循环修改后的数组： " + strs[0] + "," + strs[1] + ","+ strs[2]);
    }
}
```

运行结果如图 6-11 所示。

图 6-11　运行结果

上述代码中，分别使用 foreach 循环和普通 for 循环去修改数组中的元素。从运行结果可以看出 foreach 循环并不能修改数组中元素的值。原因是 foreach 语句中的 str = "ddd" 只是将临时变量 str 指向了一个新的字符串，这和数组中的元素没有一点关系。而在普通 for 循环中，是可以通过索引的方式来引用数组中的元素并将其值进行修改的。

任务 6-1　学生管理系统

任务介绍

1. 任务描述

在一所学校中，对学生人员流动的管理是很麻烦的，本案例要求编写一个学生管理系统，实现对学生信息的添加、删除、修改和查询功能。每个功能的具体要求如下：

系统的首页：用于显示系统所有的操作，并根据用户在控制台的输入选择需要使用的功能。

查询功能：用户选择该功能后，可在控制台打印所有学生的信息。

添加功能：用户选择该功能后，要求用户在控制台输入学生学号、姓名、年龄和居住地的基本信息。在输入学号时，判断学号是否被占用，如果被占用则添加失败，并给出相应提示；反之则提示添加成功。

删除功能：用户选择该功能后，提示用户在控制台输入需要删除学生的学号，如果用户输入的学号存在则提示删除成功，反之则提示删除失败。

修改功能：用户选择该功能后，提示用户在控制台输入需要修改的学生学号、姓名、年龄和居住地学生信息，并使用输入的学生学号判断是否有此人，如果有则修改原有的学生信息，反之则提示需要修改的学生信息不存在。

退出功能：用户选择该功能后，程序正常关闭。

本案例要求使用 List 集合存储自定义的对象，使用 List 集合的中常用方法实现相关的操作。

2. 运行结果

学生管理系统首页运行结果如图 6 - 12 所示。

学生管理系统查看所有学生信息运行结果如图 6 - 13 所示。

图 6 - 12　学生管理系统首页运行结果　　图 6 - 13　学生管理系统查看所有学生信息运行结果

学生管理系统添加学生信息运行结果如图 6 - 14 所示。

学生管理系统修改学生信息运行结果如图 6 - 15 所示。

学生管理系统删除学生信息运行结果如图 6 - 16 所示。

图 6-14 添加学生信息运行结果

图 6-15 修改学生信息运行结果

图 6-16 删除学生信息运行结果

任务目标

◆ 学会分析"学生管理系统"任务的实现思路。

◆ 根据思路独立完成"学生管理系统"任务的源代码编写、编译及运行。

◆ 掌握 List 集合常用方法的使用。

◆ 掌握循环遍历操作集合的使用。

任务分析

（1）定义学生类，自定义对象属性。

（2）学生管理系统的主界面的代码编写。创建集合对象，用于存储学生数据，打印学生管理系统主界面的相关功能，创建键盘输入功能，用 switch 语句实现选择的功能。最后用 while(true) 循环实现多次操作并且手动退出系统。

（3）学生管理系统查询所有学生信息的代码编写。首先判断集合中是否有数据，如果没有数据就给出提示，并让该方法不再继续往下执行。如果有数据，遍历集合输出打印数据。

（4）学生管理系统添加学生信息的代码编写。首先输入学生学号，判断学号有没有被人占用，如果被占用重新输入学号，没有被占用继续录入学生姓名、年龄、家庭住址等信息。创建学生对象，将录入的数据存入对象。最后将学生对象添加入集合，添加学生信息成功。

（5）学生管理系统删除学生信息的代码编写。键盘录入一个学号，到集合中去查找，看是否有学生使用该学号，如果有就删除该学生信息。如果没有学生使用该学号，返回主界面。

（6）学生管理系统修改学生信息的代码编写。键盘录入一个学号，到集合中去查找，看是否有学生使用该学号，如果过有就修改学生信息。反之返回主界面。

任务实现

任务实现代码请参考二维码显示。

学生管理系统

6.4 Set 接口

6.4.1 Set 接口简介

Set 接口和 List 接口一样，同样继承自 Collection 接口，它与 Collection 接口中的方法基本一致，并没有对 Collection 接口进行功能上的扩充，只是比 Collection 接口更加严格了。与 List 接口不同的是，Set 接口中元素无序，并且都会以某种规则保证存入的元素不出现重复。

Set 接口主要有两个实现类，分别是 HashSet 和 TreeSet。其中，HashSet 是根据对象的哈希值来确定元素在集合中的存储位置，具有良好的存取和查找性能。TreeSet 则是以二叉树的方式来存储元素，它可以实现对集合中的元素进行排序。

6.4.2 HashSet 集合

HashSet 是 Set 接口的一个实现类，没有索引，它所存储的元素是不可重复的，并且元素都是无序的。接下来通过一个案例演示 HashSet 集合的用法：

HashSet 集合的
使用

```java
package cn.itcast07;
import java.util.*;
public class Example07 {
    public static void main(String[] args) {
        HashSet<String> set = new HashSet<>();      // 创建 HashSet 集合
        set.add(" 张三 ");                            // 向该 Set 集合中添加字符串
        set.add(" 张三 ");                            // 向该 Set 集合中添加重复元素
        set.add(" 李四 ");
        set.add(" 王五 ");
        set.add(" 赵六 ");
        for (String s: set){
            System.out.println(s);
        }
    }
}
```

运行结果如图 6－17 所示。

Run: Example07
D:\develop\Java\jdk1.8.0_201\bin\java.exe ...
李四
张三
王五
赵六
Process finished with exit code 0
TODO
Problems
Terminal
Build
Run
Event Log

图 6－17　运行结果

由上述代码可知，HashSet 集合并通过 add() 方法添加了五个字符串，但是从运行结果可以看出，取出元素的顺序与添加元素的顺序并不一致，并且重复存入的字符串对象“张三”被去除了，只添加了一次。

HashSet 集合之所以能确保不出现重复的元素，是因为它在存入元素时做了很多工作。当调用 HashSet 集合的 add() 方法存入元素时，首先调用当前存入对象的 hashCode() 方法获得对象的哈希值，然后根据对象的哈希值计算出一个存储位置。如果该位置上没有元素，则直接将元素存入，如果该位置上有元素存在，则会调用 equals() 方法让当前存入的元素依次和该位置上的元素进行比较，如果返回的结果为 false 就将该元素存入集合，返回的结果为 true 则说明有重复元素，就将该元素舍弃。HashSet 存储元素的流程如图 6－18 所示。

通过add()方法向
HashSet集合存入元素
调用对象的
hashCode()方法获得
对象的哈希值
根据对象的哈希值计
算对象的存储位置
该位置是否
有对象存在
否
调用equals()
比较对象是否相等
否
将该对象存入集合
是
舍弃该对象

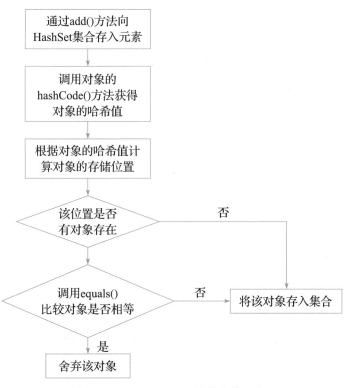

图 6－18　HashSet 存储元素的流程

根据前面的分析不难看出，当向集合存入元素时，为了保证 HashSet 正常工作，要求在存入对象时，重写 Object 类中的 hashCode() 和 equals() 方法。Example 07 将字符串存入 HashSet 时，String 类已经重写了 hashCode() 和 equals() 方法。但是如果将自定义的 Student 对象存入 HashSet，结果又如何呢？下面通过 Example 08 演示向 HashSet 存储 Student 对象：

```java
package cn.itcast08;
import java.util.*;
class Student {
    private String name;
    private int age;
    // 空参构造
    public Student() {
    }
    // 有参构造
    public Student(String name, int age) {
        this.name = name;
        this.age = age;
    }
    // 重写 toString() 方法
    @Override
    public String toString() {
        return " 姓名："+name+", 年龄："+age;
    }
}
public class Example08 {
    public static void main(String[] args) {
        HashSet<Student> hs = new HashSet<>();       // 创建 HashSet 集合
        Student s1 = new Student(" 张三 ",23);        // 创建 Student 对象
        Student s2 = new Student(" 张三 ",23);
        Student s3 = new Student(" 李四 ",24);
        Student s4=new Student(" 王五 ",25);
        hs.add(s1);
        hs.add(s2);
        hs.add(s3);
        hs.add(s4);
        for(Student student:hs){
            System.out.println(student);
        }
    }
}
```

运行结果如图 6 - 19 所示。

图 6 - 19 所示的运行结果中出现了两个相同的学生信息"姓名：张三，年龄：23"，这样的学生信息应该被视为重复元素，不允许同时出现在 HashSet 集合中。之所以没有去掉这样的重复元素，是因为在定义 Student 类时没有重写 hashCode() 和 equals() 方法。下面对 Student 类进行改写，假设 id 相同的学生是同一个学生，如案例 9 所示：

图 6 - 19　运行结果

```
package cn.itcast09;
import java.util.*;
class Student {
    private String name;
    private int age;
    // 空参构造
    public Student() {
    }
    // 有参构造
    public Student(String name, int age) {
        this.name = name;
        this.age = age;
    }

    @Override
    public boolean equals(Object o) {
        if (this == o) return true;
        if (o == null || getClass() != o.getClass()) return false;

        Student student = (Student) o;

        if (age != student.age) return false;
        return name != null ? name.equals(student.name) : student.name == null;
    }

    @Override
    public int hashCode() {
        int result = name != null ? name.hashCode() : 0;
        result = 31 * result + age;
        return result;
    }

    // 重写 toString() 方法
    @Override
    public String toString() {
        return " 姓名: "+name+", 年龄: "+age;
    }

}
public class Example09 {
```

```
public static void main(String[] args) {
    HashSet<Student> hs = new HashSet<>();        // 创建 HashSet 集合
    Student s1 = new Student(" 张三 ",23);          // 创建 Student 对象
    Student s2 = new Student(" 张三 ",23);
    Student s3 = new Student(" 李四 ",24);
    Student s4=new Student(" 王五 ",25);
    hs.add(s1);
    hs.add(s2);
    hs.add(s3);
    hs.add(s4);
    for(Student student:hs){
        System.out.println(student);
    }
}
}
```

运行结果如图 6 - 20 所示。

图 6 - 20　运行结果

由运行结果可以看出，上述代码去除了重复元素。由此，我们知道，如果是自定义类型的对象，保存到 HashSet 集合，必须要重写 hashCode() 和 equals() 方法。

多学一招：快速重写 Object 类的 hashCode() 和 equals() 方法

在代码空白区域右击【 Generate 】，然后选择【 equals() and hashCode() 】，会出现如图 6 - 21 所示界面。

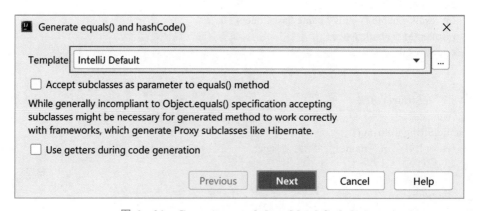

图 6 - 21　Generate equals() and hashCode()

然后，选择，【IntelliJ Default】，单击【Next】，之后一直下一步，最后单击【finish】即可完成快速重写 hashCode() 和 equals() 方法。

6.4.3　TreeSet 集合

TreeSet 集合与运行结果请参考二维码显示。

TreeSet 集合
与运行结果

6.5　Map 接口

6.5.1　Map 接口简介

在现实生活中，每个人都有唯一的身份证号，通过身份证号可以查询到这个人的信息，这两者是一对一的关系。在应用程序中，如果想存储这种具有对应关系的数据，则需要使用 JDK 中提供的 Map 接口。

Map 接口是一种双列集合，它的每个元素都包含一个键对象 Key 和值对象 Value，键和值对象之间存在一种对应关系，称为映射。从 Map 集合中访问元素时，只要指定了 Key，就能找到对应的 Value。

为了便于学习 Map 接口，首先来了解一下 Map 接口中的常用方法，见表 6 - 5。

表 6 - 5　Map 接口中的常用方法

方法声明	功能描述
void put(Object key, Object value)	将指定的值与此映射中的指定键关联（可选操作）
Object get(Object key)	返回指定键所映射的值；如果此映射不包含该键的映射关系，则返回 null
void clear()	移除所有的键值对元素
V remove(Object key)	根据键删除对应的值，返回被删除的值
int size()	返回集合中的键值对的个数
boolean containsKey(Object key)	如果此映射包含指定键的映射关系，则返回 true。
boolean containsValue(Object value)	如果此映射将一个或多个键映射到指定值，则返回 true
Set keySet()	返回此映射中包含的键的 Set 视图
Collection<V> values()	返回此映射中包含的值的 Collection 视图
Set<Map.Entry<K,V>>entrySet()	返回此映射中包含的映射关系的 Set 视图

6.5.2　HashMap 集合

HashMap 集合是 Map 接口的一个实现类，用于存储键值映射关系，但 HashMap 集合没有重复的键并且键值无序。接下来通过一个案例学习 HashMap 的用法：

```
package cn.itcast14;
import java.util.HashMap;
```

```
public class Example14 {
    public static void main(String[] args) {
        HashMap<String,String> map=new HashMap<String,String>();
        //void put(Object key,Object value) 添加一对数据
        map.put("s01"," 张三 ");
        map.put("s01"," 李四 ");
        map.put("s02"," 王五 ");
        map.put("s03"," 赵六 ");
        System.out.println(map);
    }
}
```

运行结果如图 6 – 22 所示。

图 6 – 22　运行结果

上述代码中声明了一个 HashMap 集合并通过 Map 的 put() 方法向集合中加入 4 个元素，但是从运行结果来说，只输出 3 个元素。Map 集合中的键具有唯一性，不能重复，如果存储了相同的键，后存储的值则会覆盖原有的值，简而言之就是：键相同，值覆盖。

接下来我们再通过一个案例学习 HashMap 的其他方法：

```
package cn.itcast15;
import java.util.Collection;
import java.util.HashMap;

public class Example15 {
    public static void main(String[] args) {
        HashMap<String,String> map=new HashMap<String,String>();
        //void put(Object key,Object value) 添加一对数据
        map.put("s01"," 张三 ");
        map.put("s02"," 李四 ");
        map.put("s03"," 王五 ");
        map.put("s04"," 赵六 ");
        System.out.println(map);
        //Object get(Object key)     根据键获取值
        String value=map.get("s02");
        System.out.println(" 获取键 s02 对应的值: "+value);
        System.out.println("--------------");
        //V remove(Object key)     根据键删除一对数据，返回被删除的值
        String value2=map.remove("s03");
        System.out.println(" 删除 s03 对应的值为: "+value2);
        System.out.println(" 删除键 s03 后的集合: "+map);
```

```
System.out.println("--------------");
//int size()                获取集合的长度
System.out.println(" 集合的长度："+map.size());
System.out.println("--------------");
//boolean containsKey(Object key)   判断集合是否包含指定的键
System.out.println(" 判断集合是否包含键 s03:"+map.containsKey("s03"));
System.out.println(" 判断集合是否包含键 s05:"+map.containsKey("s05"));
System.out.println("--------------");
//boolean containsValue(Object value)    判断集合是否包含指定的值
System.out.println(" 判断集合是否包含值王五："+map.containsValue(" 王五 "));
System.out.println(" 判断集合是否包含值周七："+map.containsValue(" 周七 "));
System.out.println("--------------");
//Collection<V> values          获取集合中所有的值，保存到单列集合
Collection<String> values=map.values();
System.out.println(" 获取集合所有的值："+values);
    }
}
```

运行结果如图 6 - 23 所示。

图 6 - 23   运行结果

在程序开发中，经常需要取出 Map 中所有的键和值，那么如何遍历 Map 中所有的键值对呢？有两种方式可以实现，第一种方式就是先遍历 Map 集合中所有的键，再根据键获取相应的值。

下面通过一个案例来演示先遍历 Map 集合所有的键，再根据键获取相应的值：

```
package cn.itcast16;
import java.util.*;
public class Example16 {
    public static void main(String[] args) {
        HashMap<String,String> map = new HashMap<String,String>();        // 创建 Map 集合
        map.put("1", " 张三 ");                                            // 存储键和值
        map.put("2", " 李四 ");
        map.put("3", " 王五 ");
        //Set keySet()        获取所有的键、保存到 Set 集合
```

```
            Set<String> keys = map.keySet();                                      // 获取键的集合
            for(String key : keys){
               String value=map.get(key);
               System.out.println(key+", "+value);
            }
         }
      }
```

运行结果如图 6 – 24 所示。

图 6 – 24　运行结果

Map 集合的另外一种遍历方式是先获取集合中所有的映射关系，然后从映射关系中取出键和值。下面通过一个案例演示这种遍历方式：

```
      package cn.itcast17;
      import java.util.*;
      public class Example17 {
         public static void main(String[] args) {
            HashMap<String,String> map = new HashMap<String,String>();          // 创建 Map 集合
            map.put("1", " 张三 ");                                             // 存储键和值
            map.put("2", " 李四 ");
            map.put("3", " 王五 ");
            //Set<Map.Entry<K,V>> entrySet()      获取所有键值对对象，存储到 Set 集合
            Set<Map.Entry<String,String>> entries=map.entrySet();
            for (Map.Entry<String,String> entry:entries){
               String key=entry.getKey();
               String value=entry.getValue();
               System.out.println(key+":"+value);
            }
         }
      }
```

运行结果如图 6 – 25 所示。

图 6 – 25　运行结果

上述代码是第二种遍历 Map 的方式。首先调用 Map 对象的 entrySet() 方法获得存储在 Map 中所有映射的 Set 集合，这个集合中存放了 Map.Entry 类型的元素（Entry 是 Map 内部接口），每个 Map.Entry 对象代表 Map 中的一个键值对，然后迭代 Set 集合，获得每一个映射对象，并分别调用映射对象的 getKey() 和 getValue() 方法获取键和值。

TreeMap 集合
与运行结果

6.5.3　TreeMap 集合

TreeMap 集合与运行结果请参考二维码显示。

任务 6-2　模拟百度翻译

任务介绍

1. 任务描述

大家对百度翻译并不陌生，本案例要求编写一个程序模拟百度翻译。用户输入英文之后搜索程序中对应的中文，如果搜索到对应的中文就输出搜索结果，反之给出提示。本案例要求使用 Map 集合实现英文与中文的存储。

2. 运行结果

运行结果如图 6-26 所示。

图 6-26　运行结果

任务目标

- 学会分析"模拟百度翻译"任务的实现思路。
- 根据思路独立完成"模拟百度翻译"任务的源代码编写、编译及运行。
- 掌握 Map 集合特点及常用方法的使用。

任务分析

（1）百度翻译主要用于翻译对应的意思，这是一种映射关系，因此可以用 Map 集合来实现，所以首先就是定义 Map 集合，存储数据。

（2）用键盘录入功能获取我们要翻译的单词。

（3）定义一个方法，在该方法中实现对单词的查询操作，并且根据不同情况给出相关提示。

（4）调用查询的方法，实现翻译，并将结果输出到控制台。

任务实现

任务实现代码请参考二维码显示。

模拟百度翻译

6.6 JDK 8 新特性——Lambda 表达式

Lambda 表达式是 JDK8 的一个新特性，Lambda 可以取代大部分的匿名内部类，写出更优雅的 Java 代码，尤其在集合的遍历和其他集合操作中，可以极大地优化代码结构。JDK 也提供了大量的内置函数式接口供我们使用，使得 Lambda 表达式的运用更加方便、高效。使用 Lambda 表达式需要知道以下两点。

1. 使用前提

（1）必须是接口；

（2）接口中只能有一个抽象方法。

2. 使用格式

（形参列表）—>{ 方法体 }

其中：

()：代表接口中唯一的抽象方法，如果有参数，就传递参数，没有则留空；

—>：固定格式，代表将小括号中的参数传递给后面的大括号；

{}：代表重写接口中的抽象方法。

接下来我们通过一个案例来学习 Lambda 表达式：

```
package cn.itcast20;
public class Example20 {
  public static void main(String[] args) {
    // 方式1：匿名内部类方式
    animalShout(new Animal() {
      @Override
      public void shout(String str) {
        System.out.println(str);
      }
    });
    System.out.println("--------------");
    // 方式2：：Lambda 方式
    animalShout((String str)->{ System.out.println(str);});
  }
  // 使用 Animal 接口的方法
```

```
public static void animalShout(Animal an){
    an.shout(" 汪汪。。 ");
}
}

interface Animal{
    public abstract void shout(String str);
}
```

运行结果如图 6 - 27 所示。

图 6 - 27　运行结果

上述代码中，我们使用了匿名内部类和 Lambda 方式这两种方式，编写接口的实现类，都能得到一样的效果，很显然，Lambda 方式更简洁。

这是我们自己编写的一个符合条件的接口，同时呢，使用了一下 Lambda 表达式来进行了一个参数的传递。那么 Lambda 表达式有没有实际的应用场景呢，答案是肯定的。本章节的案例 13 讲解比较器排序的时候，在 TreeSet 集合的构造方法参数里，传递 Comparator 接口的匿名实现类对象完成了降序排序。接下来就修改案例 13，使用 Lambda 表达式的方式来实现比较器排序：

```
package cn.itcast21;
import java.util.TreeSet;
public class Example21 {
    public static void main(String[] args) {
        TreeSet<Integer> ts = new TreeSet<>((Integer o1,Integer o2) -> {
            return o2-o1;
        });
        ts.add(5);
        ts.add(1);
        ts.add(1);
        ts.add(2);
        ts.add(3);
        System.out.println(ts);
    }
}
```

运行结果如图 6 - 28 所示。

图 6－28　运行结果

上述案例可以进一步简化。首先，如果（形参列表）里面有多个参数，那么参数的数据类型可以省略，其次 { 方法体 } 中如果只有一行代码的话，那么 {}、分号以及 return 都可以省略，如下所示：

```
TreeSet<Integer> ts = new TreeSet<>((o1,o2) -> o2-o1);
```

另外，在案例 13 已经通过匿名内部类实现了比较器排序，这里将光标定位在 Comparator 上，然后使用【 Alt+Enter 】组合键，就会出现如图 6－29 所示提示。

选择【 Replace with lambda 】也能转换成 Lambda 方式。

```
package cn.itcast13;
import java.util.Comparator;
import java.util.TreeSet;
public class Example13 {
    public static void main(String[] args) {
        TreeSet<Integer> ts = new TreeSet<>(new Comparator<Integer>() {
            @Override
            public int compare(Integer o1, Integer o2)
                int result=o2-o1;
                return result;
            }
        });
        ts.add(5);
        ts.add(1);
        ts.add(1);
        ts.add(2);
        ts.add(3);
        System.out.println(ts);
    }
}
```
Replace with lambda
Press Ctrl+Shift+I to open preview

图 6－29　转换成 Lambda 表达式

本章小结

本章详细介绍了几种 Java 常用集合类，首先介绍了集合的概念和 Collection 接口；其次介绍了 List 接口，包括 ArrayList、LinkedList、Iterator 和 foreach 循环；接着介绍了 Set 接口以及子类 HashSet 和 TreeSet 集合；然后介绍了 Map 接口及其子类 HashMap 和 TreeMap 集合，最后介绍了 JDK 8 新特性—Lambda 表达式。

本章习题

一、填空题

1. _____是所有单列集合的父接口，它定义了单列集合（List 和 Set）通用的一些方法。

2. 使用 Iterator 遍历集合时，首先需要调用_____方法判断是否存在下一个元素，若存在下一个元素，则调用_____方法取出该元素。

3. List 集合的主要实现类有_____、_____，Set 集合的主要实现类有_____、_____，Map 集合的主要实现类有_____、_____。

4. Map 接口是一种双列集合，它的每个元素都包含一个键对象_____和值对象_____，键和值对象之间存在一种对应关系，称为映射。

5. ArrayList 内部封装了一个长度可变的_____。

二、判断题

1. Set 集合是通过键值对的方式来存储对象的。（　　　）

2. ArrayList 集合查询元素的速度很快，但是增删效率较低。（　　　）

3. Lambda 表达式只能是一个语句块。（　　　）

4. java.util.ArrayList 采用可变大小的数组实现 java.util.List 接口，并提供了访问数组大小的方法，它的对象会随着元素的增加其容器自动扩大。（　　　）

5. java.util.TreeMap 是采用一种有序树的结构实现了 java.util.Map 的子接口 SortedMap，该类按键的升序的次序排列元素。（　　　）

三、选择题

1. 以下哪些集合可以保存具有映射关系的数据？（　　　）（多选）
   A. ArrayList　　　　B. TreeMap　　　　C. HashMap　　　　D. TreeSet

2. 下列关于 LinkedList 类的方法，不是从 List 接口中继承而来的是（　　　）。
   A. toArray()　　　B. pop()　　　C. remove()　　　D. isEmpty()

3. 以下属于 Map 接口集合常用方法的有（　　　）（多选）。
   A. boolean containsKey(Object key)
   B. Collection values()
   C. void forEach(BiConsumer action)
   D. boolean replace(Object key, Object value)

4. 使用 Iterator 时，判断是否存在下一个元素可以使用以下哪个方法？（　　　）
   A. next()　　　B. hash()　　　C. hasPrevious()　　　D. hasNext()

5. 下面关于 Set 集合处理重复元素的说法正确的是（　　　）。
   A. 如果加入一个重复元素，将异常抛出
   B. 如果加入一个重复元素，add 方法将返回 false
   C. 集合通过调用 equals 方法可以返回包含重复值的元素
   D. 添加重复值将导致编译出错

6. 阅读下面的代码：

```
public class Example{
    public static void main(String[] args) {
        String[] strs = { "Tom", "Jerry", "Donald" };
        // foreach 循环遍历数组
        for (String str : strs) {
            str = "Tuffy";
        }
        System.out.println(strs[0]+ "," + strs[1] + "," + strs[2]);
    }
}
```

程序的运行结果是（　　　）。

A. Tom,Jerry　　　　　　　　　　B. Tom,Jerry, Tuffy

C. Tom,Jerry,Donald　　　　　　D. 以上都不对

四、简答题

1. 简述集合 List、Set 和 Map 的区别。

2. 简述为什么 ArrayList 的增删操作比较慢，查找操作比较快。

五、编程题

1. 编写一个程序，向 ArrayList 集合中添加 5 个对象，然后使用迭代器或者 foreach 语句输出集合中的对象。

2. 请按照下列要求编写程序：

（1）编写一个 Teacher 类，包含 name 和 age 属性，提供有参构造方法。

（2）在 Teacher 类中，重写 toString() 方法，输出 age 和 name 的值。

（3）在 Teacher 类中，重写 hashCode() 和 equals() 方法。hashCode() 的返回值是 name 的 hash 值与 age 的和。equals() 判断对象的 name 和 age 是否相同，相同返回 true，不同则返回 false。

（4）最后编写一个测试类，创建一个 HashSet<Teacher> 对象 hs，向 hs 中添加多个 Teacher 对象，假设有两个 Teacher 对象相等，输出 HashSet，观察是否添加成功。

第7章
多线程

知识目标

1. 了解线程与进程的区别。
2. 掌握创建多线程的两种方式。
3. 了解线程的生命周期及状态转换。
4. 掌握线程的调度。
5. 掌握多线程的同步。

能力目标

1. 学会创建多线程，实现多个线程的并发执行。
2. 学会各种线程之前的状态转换。
3. 学会使用锁等机制完成多线程同步，保证线程的安全性。

素质目标

培养学生具有刚健有力、自强不息的精神。

多线程是提升程序性能非常重要的一种方式，也是学习 Java 编程必须要掌握的技术。使用多线程可以让程序充分利用 CPU 资源，提高 CPU 的使用效率，从而解决高并发带来的负载均衡问题。本章将针对 Java 中的多线程知识进行详细讲解。

7.1 线程概述

人们在日常生活中，很多事情都是可以同时进行的。例如，一个人可以一边听音乐，一边打扫房间；可以一边吃饭，一边看电视。在使用计算机时，很多任务也是可以同时进行的。例如，可以一边浏览网页，一边打印文档；还可以一边聊天，一边复制文件等。计算机这种能够同时完成多项任务的技术，就是多线程技术。计算机中的中央处理器（Central Processing Unit，CPU）即使是单核也可以同时运行多个任务，因为操作系统执行多个任务时就是让 CPU 对多个任务轮流交替执行。Java 是支持多线程的语言之一，它内置了对多线程技术的支持，可以使程序同时执行多个执行片段。

7.1.1 进程

在学习线程之前，需要先了解什么是进程。在一个操作系统中，每个独立执行的程序都可称之为一个进程，也就是"正在运行的程序"。目前大部分计算机上安装的都是多任务操作系统，即能够同时执行多个应用程序，最常见的有 Windows、Linux、Unix 等。在本教材使用的 Windows 操作系统下，使用快捷键【Ctrl+Alt+Delete】，选择【启动任务管理器】选项可以打开任务管理器面板，在窗口的【进程】选项卡中可以看到当前正在运行的程序，也就是系统所有的进程，如 Google Chrome、腾讯 QQ 等，如图 7-1 所示。

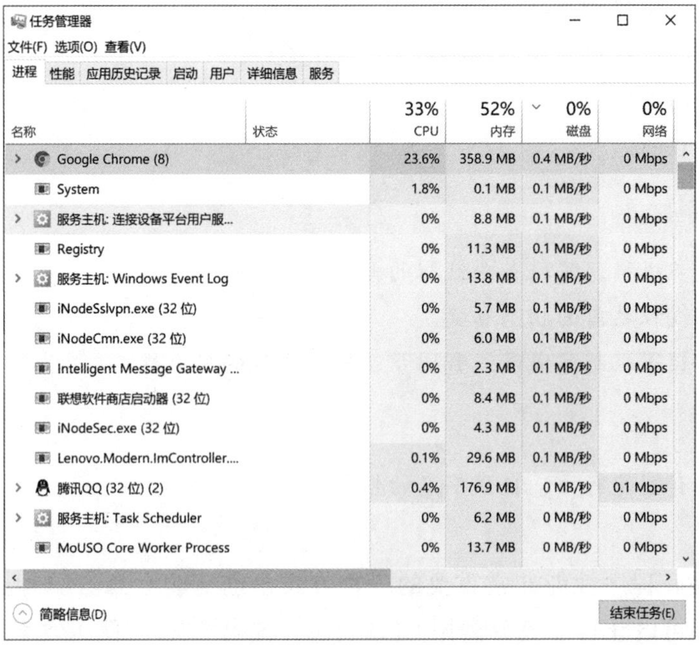

图 7-1　任务管理器窗口

在多任务操作系统中，表面上看是支持进程并发执行的，例如可以一边听音乐一边聊天。但实际上这些进程并不是同时运行的。在计算机中，所有的应用程序都是由 CPU 执行的，对于一个 CPU 而言，在某个时间点只能运行一个程序，也就是说只能执行一个进程。操作系统会为每一个进程分配一段有限的 CPU 使用时间，CPU 在这段时间中执行某个进程，然后会在下一段时间切换到另一个进程中去执行。由于 CPU 运行速度很快，能在极短的时间内在不同的进程之间进行切换，所以给人以同时执行多个程序的感觉。

7.1.2　多线程

通过前面的学习可以知道，每个运行的程序都是一个进程，在一个进程中还可以有多个执行单元同时运行，这些执行单元可以看作程序执行的一条条路径，被称为线程。操作系统中的每一个进程中都至少存在一个线程。例如当一个 Java 程序启动时，就会产生一个进程，该进程中会默认创建一个线程，在这个线程上会运行 main() 方法中的代码。

在前面章节所接触过的程序中，代码都是按照调用顺序依次往下执行，没有出现两段程序代码交替运行的效果，这样的程序称为单线程程序。如果希望程序中实现多段程序代码交替运行的效果，则需要创建多个线程，即多线程程序。所谓的多线程是指一个进程在执行过程中可以产生多个单线程，这些单线程程序在运行时是相互独立的，它们可以并发执行。多线程程序的执行过程如图 7 - 2 所示。

图 7 - 2 所示的多线程看似是同时执行的，其实不然，它们和进程一样，也是由 CPU 轮流执行的，只不过 CPU 运行速度很快，故而给人同时执行的感觉。

图 7 - 2　多线程程序的执行过程

7.2　多线程的创建

上一小节介绍了什么是多线程，接下来为大家讲解在 Java 程序中如何实现多线程。在 Java 中提供了两种多线程实现方式，一种是继承 java.lang 包下的 Thread 类，覆写 Thread 类的 run() 方法，在 run() 方法中实现运行在线程上的代码；另一种是实现 java.lang.Runnable 接口，同样是在 run() 方法中实现运行在线程上的代码。接下来就对创建多线程的两种方式分别进行讲解，并比较它们的优缺点。

7.2.1　继承 Thread 类创建多线程

在学习多线程之前，先来看看我们所熟悉的单线程程序：

```
package cn.itcast01;
public class Example01 {
    public static void main(String[] args) {
        MyThread myThread = new MyThread();        // 创建 MyThread 实例对象
        myThread.run();                            // 调用 MyThread 类的 run() 方法
        while (true) {                             // 该循环是一个死循环，打印输出语句
            System.out.println("Main 方法在运行 ");
        }
```

```
    }
}
class MyThread {
    public void run() {
        while (true) {                          // 该循环是一个死循环，打印输出语句
            System.out.println("MyThread 类的 run() 方法在运行 ");
        }
    }
}
```

运行结果如图 7 - 3 所示。

图 7 - 3　运行结果

从运行结果可以看出，程序一直打印 "MyThread 类的 run() 方法在运行"，这是因为该程序是一个单线程程序，第 4 行代码调用 MyThread 类的 run() 方法时，遇到的是死循环，循环会一直进行。因此，MyThread 类的打印语句将被无限执行，而 main() 方法中的打印语句无法得到执行。

如果希望程序中两个 while 循环中的打印语句能够并发执行，就需要实现多线程。为此 Java 提供了一个线程类 Thread，通过继承 Thread 类，并重写 Thread 类中的 run() 方法便可实现多线程。在 Thread 类中，提供了一个 start() 方法用于启动新线程，线程启动后，虚拟机会自动调用 run() 方法，如果子类重写了该方法便会执行子类中的方法。

将继承 Thread 类的多线程实现步骤分为以下 4 步：

（1）需要定义一个类，然后让这个类去继承 Thread 类，Thread 类就是 Java 的线程类。

（2）重写 run 方法。

（3）创建定义的类的对象。

（4）启动线程。

接下来通过一个案例来演示一下如何通过继承 Thread 类的方式实现多线程：

```
package cn.itcast02;
public class Example02 {
    public static void main(String[] args) {
        MyThread myThread = new MyThread();        // 创建线程 MyThread 的线程对象
        myThread.start();                          // 开启线程
        while (true) {                             // 通过死循环语句打印输出
```

```
        System.out.println("main() 方法在运行 ");
    }
  }
}
class MyThread extends Thread {
  public void run() {
    while (true) {                        // 通过死循环语句打印输出
      System.out.println("MyThread 类的 run() 方法在运行 ");
    }
  }
}
```

运行结果如图 7－4 所示。

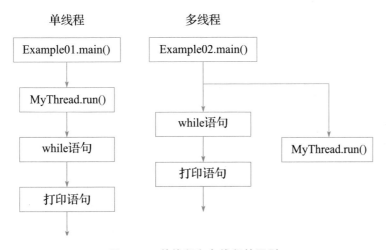

图 7－4　运行结果

上述代码利用两个 while 来模拟多线程环境，从运行结果，可以看到两个循环中的语句都有输出，说明该文件实现了多线程。

为了让大家更好地理解单线程和多线程的执行过程，接下来通过图 7－5 分析一下单线程和多线程的区别。

图 7－5　单线程和多线程的区别

从图 7－5 可以看出，单线程的程序在运行时，会按照代码的调用顺序执行，而在多线程中，main() 方法和 MyThread 类的 run() 方法却可以同时运行，互不影响，这正是单线程和多线程的区别。

7.2.2　实现 Runnable 接口创建多线程

上一小节通过继承 Thread 类可以实现多线程，但是这种方式有一定的局限性。因为 Java 只支持单继承，一个类一旦继承了某个父类就无法再继承 Thread 类，比如学生类 Student 继承了 Person 类，就无法通过继承 Thread 类创建线程。

为了克服这种弊端，Thread 类提供了另外一个构造方法 Thread(Runnable target)，其中 Runnable 是一个接口，它只有一个 run() 方法。当通过 Thread(Runnable target) 构造方法创建线程对象时，只需为该方法传递一个实现了 Runnable 接口的实例对象，这样创建的线程将调用实现了 Runnable 接口的类中的 run() 方法作为运行代码，而不需要调用 Thread 类中的 run() 方法。我们可以将第二种创建多线程方式分为以下 3 步：

（1）定义一个任务类，然后这个类去实现 Runnable 接口。Runnable 接口就是一个任务接口，在该接口中定义了一个方法，就是 run 方法，这个方法就是用来封装要被线程所执行的代码。

（2）重写 run 方法。

（3）创建 Thread 对象，在创建这个对象之前需要先创建任务类对象，然后把这个任务类对象作为 Thread 的构造方法参数传递过去。

下面通过一个案例来演示如何通过实现 Runnable 接口的方式来创建多线程：

创建多线程

```java
package cn.itcast03;
public class Example03 {
    public static void main(String[] args) {
        MyThread myThread = new MyThread();      // 创建 MyThread 的实例对象
        Thread thread = new Thread(myThread);    // 创建线程对象
        thread.start();                          // 开启线程，执行线程中的 run() 方法
        while (true) {
            System.out.println("main() 方法在运行 ");
        }
    }
}
class MyThread implements Runnable {
    public void run() {          // 线程的代码段，当调用 start() 方法时，线程从此处开始执行
        while (true) {
            System.out.println("MyThread 类的 run() 方法在运行 ");
        }
    }
}
```

运行结果如图 7 - 6 所示。

图 7 - 6　运行结果

7.2.3　两种实现多线程方式的对比分析

既然直接继承 Thread 类和实现 Runnable 接口都能实现多线程，那么这两种实现多线程的方式在实际应用中又有什么区别呢？接下来通过一种应用场景来分析。

假设售票厅有四个窗口可发售某日某次列车的 100 张车票，这时，100 张车票可以看作共享资源，四个售票窗口需要创建四个线程。为了更直观显示窗口的售票情况，可以通过 Thread 的 currentThread() 方法得到当前的线程的实例对象，然后调用 getName() 方法获取线程的名称：

```java
package cn.itcast04;
public class Example04 {
    public static void main(String[] args) {
        new TicketWindow().start();    // 创建第一个线程对象 TicketWindow 并开启
        new TicketWindow().start();    // 创建第二个线程对象 TicketWindow 并开启
        new TicketWindow().start();    // 创建第三个线程对象 TicketWindow 并开启
        new TicketWindow().start();    // 创建第四个线程对象 TicketWindow 并开启
    }
}
class TicketWindow extends Thread {
    private int tickets = 100;
    public void run() {
        while (true) {                 // 通过模拟一直有票
            if (tickets > 0) {
                Thread th = Thread.currentThread();  // 获取当前正在执行的线程对象
                String th_name = th.getName();       // 获取当前线程的名字
                System.out.println(th_name + " 正在发售第 " + tickets-- + " 张票 ");
            }
        }
    }
}
```

运行结果如图 7 - 7 所示。

图 7-7   运行结果

上述程序中每个线程都有自己的名字，主线程默认的名字是" main"，用户创建的第一个线程的名字默认为" Thread-0"，第二个线程的名字默认为" Thread-1"，以此类推。如果希望指定线程的名称，可以通过调用 setName(String name) 方法或者是构造方法为线程设置名称。接下来修改上述代码，利用构造方法的方式为每个线程设置名称：

```
package cn.itcast05;
public class Example05 {
    public static void main(String[] args) {
        new TicketWindow(" 窗口 1").start();      // 创建第一个线程对象 TicketWindow 并开启
        new TicketWindow(" 窗口 2").start();      // 创建第二个线程对象 TicketWindow 并开启
        new TicketWindow(" 窗口 3").start();      // 创建第三个线程对象 TicketWindow 并开启
        new TicketWindow(" 窗口 4").start();      // 创建第四个线程对象 TicketWindow 并开启
    }
}
class TicketWindow extends Thread {
    private int tickets = 100;
    public TicketWindow(String name){
        super(name);
    }
    public void run() {
        while (true) {                           // 为了模拟一直有票
            if (tickets > 0) {
                Thread th = Thread.currentThread();   // 获取当前正在执行的线程对象
                String th_name = th.getName();        // 获取当前线程的名字
                System.out.println(th_name + " 正在发售第 " + tickets-- + " 张票 ");
            }
        }
    }
}
```

运行结果如图 7-8 所示。

从运行结果可以看出，每张票都被打印了四次。出现这种现象的原因是四个线程没有共享 100 张票，而是各自出售了 100 张票。在程序中创建了四个 TicketWindow 对象，就等于创建了四个售票程序，每个程序中都有 100 张票，每个线程在独立地处理各自的资源。

图 7-8　运行结果

由于现实中铁路系统的票资源是共享的，因此上面的运行结果显然不合理。所以说第一种方式售票是存在问题的，但是这个问题可不可以解决？也是可以解决的，将 tickets 被四个 TicketWindow 对象所共享就可以了，即将 tickets 前面使用 static 关键字修饰：

```
private static int tickets = 100;
```

下面使用多线程的第二种实现方式完成购票系统。为了保证资源共享，在程序中只创建一个售票对象，然后开启多个线程去运行同一个售票对象的售票方法。简单来说就是四个线程运行同一个售票程序。

接下来，通过 Runnable 接口的方式来实现多线程的创建。修改上述程序，并使用构造方法 Thread(Runnable target, String name) 在创建线程对象时指定线程的名称：

```
package cn.itcast06;
public class Example06 {
    public static void main(String[] args) {
        TicketWindow tw = new TicketWindow();        // 创建 TicketWindow 实例对象 tw
        new Thread(tw, " 窗口 1").start();             // 创建线程对象并命名为窗口 1，开启线程
        new Thread(tw, " 窗口 2").start();             // 创建线程对象并命名为窗口 2，开启线程
        new Thread(tw, " 窗口 3").start();             // 创建线程对象并命名为窗口 3，开启线程
        new Thread(tw, " 窗口 4").start();             // 创建线程对象并命名为窗口 4，开启线程
    }
}
class TicketWindow implements Runnable {
    private int tickets = 100;
    public void run() {
        while (true) {
            if (tickets > 0) {
                Thread th = Thread.currentThread();     // 获取当前线程
                String th_name = th.getName();          // 获取当前线程的名字
                System.out.println(th_name + " 正在发售第 " + tickets-- + " 张票 ");
            }
        }
    }
}
```

运行结果如图 7 - 9 所示。

图 7 - 9　运行结果

上述程序中，第 10 ～ 21 行代码创建了一个 TicketWindow 对象并实现了 Runnable 接口，然后在 mian 方法中创建了四个线程，在每个线程上都去调用这个 TicketWindow 对象中的 run() 方法，这样就可以确保四个线程访问的是同一个 tickets 变量，共享 100 张车票。

这里 tickets 变量没有用 static 修饰，也能实现共享 100 张车票。所以这两种实现多线程的方式的区别就可以看出来了。

通过继承 Thread 类可以实现多线程，通过实现 Runnable 接口也可以实现多线程，实现 Runnable 接口相对于继承 Thread 类来说，具有以下优势：

（1）适合多个相同程序代码的线程去处理同一个资源的情况。将线程同程序代码、数据有效地分离，很好地体现了面向对象的设计思想。

（2）可以避免由于 Java 的单继承带来的局限性。在开发中经常碰到这样一种情况，就是使用一个已经继承了某一个类的子类创建线程，由于一个类不能同时有两个父类，因此不能使用继承 Thread 类的方式，只能采用实现 Runnable 接口的方式。

事实上，大部分的多线程应用都会采用第二种方式，即实现 Runnable 接口。

小提示

JDK8 简化了多线程的创建方法，可以使用 Lambda 表达式的方式来创建，在创建线程时指定线程要调用的方法，格式如下：

```
Thread t = new Thread(() -> {
    // main 方法代码
    }
});
```

下面我们通过一个案例来讲解：

```
package cn.itcast07;
public class Example07 {
    public static void main(String[] args) {
        // 使用 JDK8 中所提供的 Lambda 表达式进行线程的创建
        Thread t=new Thread(()->{
            while (true){
                Thread thread =Thread.currentThread();
                String name=thread.getName();
                System.out.println(name+"run 方法执行了 ");
            }
        });
        // 调用 start 方法启动线程
        t.start();
    }
}
```

运行结果如图 7 - 10 所示。

图 7 - 10　运行结果

7.3　线程的生命周期及状态转换

在 Java 中，任何对象都有生命周期，线程也不例外，它也有自己的生命周期。当 Thread 对象创建完成时，线程的生命周期便开始了。当 run() 方法中代码正常执行完毕或者线程抛出一个未捕获的异常（Exception）或者错误（Error）时，线程的生命周期便会结束。线程整个生命周期可以分为五个阶段，分别是新建状态（New）、就绪状态（Runnable）、运行状态（Running）、阻塞状态（Blocked）和死亡状态（Terminated），线程的不同状态表明了线程当前正在进行的活动。在程序中，通过一些操作可以使线程在不同状态之间转换，如图 7 - 11 所示。

图 7 - 11 展示了线程各种状态的转换关系，箭头表示可转换的方向。其中，单箭头表示状态只能单向的转换，例如，线程只能从新建状态转换到就绪状态，反之则不能；双箭头表示两种状态可以互相转换，例如，就绪状态和运行状态可以互相转换。

1. 新建状态（New）

创建一个线程对象后，该线程对象就处于新建状态，此时它不能运行，和其他 Java

对象一样，仅仅由 Java 虚拟机为其分配了内存，没有表现出任何线程的动态特征。

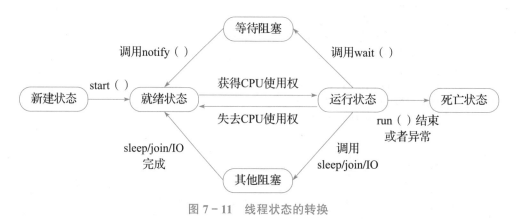

图 7－11　线程状态的转换

2. 就绪状态（Runnable）

当线程对象调用了 start() 方法后，该线程就进入就绪状态。处于就绪状态的线程位于线程队列中，此时它只是具备了运行的条件，能否获得 CPU 的使用权并开始运行，还需要等待系统的调度。简单来说，线程对象具有 CPU 的执行资格，但是没有获取 CPU 的使用权。

3. 运行状态（Running）

如果处于就绪状态的线程获得了 CPU 的使用权，并开始执行 run() 方法中的线程执行体，则该线程处于运行状态。一个线程启动后，它可能不会一直处于运行状态，当运行状态的线程使用完系统分配的时间后，系统就会剥夺该线程占用的 CPU 资源，让其他线程获得执行的机会。需要注意的是，只有处于就绪状态的线程才可能转换到运行状态。

4. 阻塞状态（Blocked）

一个正在执行的线程在某些特殊情况下，如被人为挂起或执行耗时的输入／输出操作时，会让出 CPU 的使用权并暂时中止自己的执行，进入阻塞状态。此时，线程对象不具有 CPU 的使用权，也不具有 CPU 的执行资格。线程进入阻塞状态后，就不能进入排队队列。只有当引起阻塞的原因被消除后，线程才可以转入就绪状态。

下面就列举一下线程由运行状态转换成阻塞状态的原因，以及如何从阻塞状态转换成就绪状态。

◆　当线程试图获取某个对象的同步锁时，如果该锁被其他线程所持有，则当前线程会进入阻塞状态，如果想从阻塞状态进入就绪状态必须得获取到其他线程所持有的锁。

◆　当线程调用了一个阻塞式的 IO 方法时，该线程就会进入阻塞状态，如果想进入就绪状态就必须要等到这个阻塞的 IO 方法返回。

◆　当线程调用了某个对象的 wait() 方法时，也会使线程进入阻塞状态，如果想进入就绪状态就需要使用 notify() 方法唤醒该线程。

◆　当线程调用了 Thread 的 sleep(long millis) 方法时，也会使线程进入阻塞状态，在这种情况下，只需等到线程睡眠的时间到了以后，线程就会自动进入就绪状态。

◆ 当在一个线程中调用了另一个线程的 join() 方法时，会使当前线程进入阻塞状态，在这种情况下，需要等到新加入的线程运行结束后才会结束阻塞状态，进入就绪状态。

需要注意的是，线程从阻塞状态只能进入就绪状态，而不能直接进入运行状态，也就是说结束阻塞的线程需要重新进入可运行池中，等待系统的调度。

5. 死亡状态（Terminated）

当线程调用 stop() 方法或 run() 方法正常执行完毕后，或者线程抛出一个未捕获的异常（Exception）、错误（Error），线程就进入死亡状态。一旦进入死亡状态，线程将不再拥有运行的资格，也不能再转换到其他状态。

7.4 线程的调度

前面介绍过，程序中的多个线程是并发执行的，某个线程若想被执行必须要得到 CPU 的使用权。Java 虚拟机会按照特定的机制为程序中的每个线程分配 CPU 的使用权，这种机制被称为线程的调度。

在计算机中，线程调度有两种模型，分别是分时调度模型和抢占式调度模型。所谓分时调度模型是指让所有的线程轮流获得 CPU 的使用权，并且平均分配每个线程占用的 CPU 的时间片。抢占式调度模型是指让可运行池中优先级高的线程优先占用 CPU，而对于优先级相同的线程，随机选择一个线程使其占用 CPU，当它失去了 CPU 的使用权后，再随机选择其他线程获取 CPU 使用权。Java 虚拟机默认采用抢占式调度模型，通常情况下程序员不需要去关心它，但在某些特定的需求下需要改变这种模式，由程序自己来控制 CPU 的调度。

7.4.1 线程的优先级

在应用程序中，如果要对线程进行调度，最直接的方式就是设置线程的优先级。优先级越高的线程获得 CPU 执行权的概率越高，而优先级越低的线程获得 CPU 执行权的概率越低。线程的优先级用 1 ~ 10 之间的整数来表示，数字越大优先级越高。除了可以直接使用数字表示线程的优先级，还可以使用 Thread 类中提供的三个静态常量表示线程的优先级，见表 7 - 1。

表 7 - 1 Thread 类的优先级常量

Thread 类的静态常量	功能描述
static int MAX_PRIORITY	表示线程的最高优先级，值为 10
static int MIN_PRIORITY	表示线程的最低优先级，值为 1
static int NORM_PRIORITY	表示线程的普通优先级，值为 5

　　程序在运行期间，处于就绪状态的每个线程都有自己的优先级，例如，main 线程具有普通优先级。然而线程优先级不是固定不变的，可以通过 Thread 类的 setPriority(int newPriority) 方法进行设置。setPriority() 方法中的参数 newPriority 接收的是 1 ～ 10 之间的整数或者 Thread 类的三个静态常量。下面通过一个案例演示不同优先级的两个线程在程序中的运行情况：

```
package cn.itcast08;
// 定义任务类 MaxPriority 实现 Runnable 接口
class MaxPriority implements Runnable {
    @Override
    public void run() {
        for (int i = 0; i < 10; i++) {
            System.out.println(Thread.currentThread().getName() + " 正在输出：" + i);
        }
    }
}
// 定义任务类 MinPriority 实现 Runnable 接口
class MinPriority implements Runnable {
    @Override
    public void run() {
        for (int i = 0; i < 10; i++) {
            System.out.println(Thread.currentThread().getName() + " 正在输出：" + i);
        }
    }
}
public class Example08 {
    public static void main(String[] args) {
        // 创建两个线程
        Thread minPriority = new Thread(new MinPriority(), " 优先级较低的线程 ");
        Thread maxPriority = new Thread(new MaxPriority(), " 优先级较高的线程 ");
        minPriority.setPriority(Thread.MIN_PRIORITY);      // 设置线程的优先级为 1
        maxPriority.setPriority(Thread.MAX_PRIORITY);      // 设置线程的优先级为 10
        // 开启两个线程
        maxPriority.start();
        minPriority.start();
    }
}
```

　　运行结果如图 7 - 12 所示。

　　从运行结果可以看出，优先级越高的线程获取 CPU 切换时间片的概率越大。

　　需要注意的是，虽然 Java 中提供了 10 个线程优先级，但是这些优先级需要操作系统的支持，不同的操作系统对优先级的支持是不一样的，不会和 Java 中线程优先级一一对应。因此，在设计多线程应用程序时，其功能的实现一定不能依赖于线程的优先级，而只能把线程优先级作为一种提高程序效率的手段。

图 7 - 12　运行结果

7.4.2　线程休眠

如果希望人为地控制线程，使正在执行的线程暂停，将 CPU 让给别的线程，这时可以使用静态方法 sleep(long millis)，该方法可以让当前正在执行的线程暂停一段时间，进入休眠等待状态。当前线程调用 sleep(long millis) 方法后，在指定时间（单位毫秒）内该线程是不会执行的，这样其他的线程就可以得到执行的机会了。

sleep(long millis) 方法声明会抛出 InterruptedException 异常，因此在调用该方法时应该捕获异常，或者声明抛出该异常。下面通过一个案例来演示 sleep(long millis) 方法在程序中的使用：

```java
package cn.itcast9;
public class Example9 {
    public static void main(String[] args) throws InterruptedException {
        // 创建一个线程对象
        new Thread(new SleepThread()).start();
        for (int i = 1; i <= 10; i++) {
            if (i == 5) {
                Thread.sleep(2000);            // 当前线程休眠 2 秒
            }
            System.out.println(" 主线程正在输出： " + i);
            Thread.sleep(500);                 // 当前线程休眠 500 毫秒
        }
    }
}
// 定义 SleepThread 类实现 Runnable 接口
class SleepThread implements Runnable {
    public void run() {
        for (int i = 1; i <= 10; i++) {
            if (i == 3) {
                try {
```

```
            Thread.sleep(200);              // i==3 时，让线程休息 2 秒
        } catch (InterruptedException e) {
            e.printStackTrace();
        }
    }
    System.out.println("SleepThread 线程正在输出：" + i);
    try {
        Thread.sleep(500);                 // 当前线程休眠 500 毫秒
    } catch (Exception e) {
        e.printStackTrace();
    }
    }
  }
}
```

运行结果如图 7 - 13 所示。

图 7 - 13　运行结果

在主线程与 SleepThread 类线程中分别调用了 Thread 的 sleep(500) 方法让其线程休眠，目的是让一个线程在打印一次后休眠 500 毫秒，从而使另一个线程获得执行的机会，这样就可以实现两个线程的交替执行。

从运行结果可以看出，主线程输出 2 后，SleepThread 类线程没有交替输出 3，而是主线程接着输出了 3，这说明了当 i 等于 3 时，SleepThread 类线程进入了休眠等待状态。对于主线程也一样，当 i 等于 5 时，主线程会休眠 2 000 毫秒。

需要注意的是，sleep() 是静态方法，只能控制当前正在运行的线程休眠，而不能控制其他线程休眠。当休眠时间结束后，线程就会返回到就绪状态，而不是立即开始运行。

任务 7-1　龟兔赛跑

任务介绍

1. 任务描述

众所周知的"龟兔赛跑"故事，兔子因为太过自信，比赛中途休息而导致乌龟赢得了比赛。本案例要求编写一个程序模拟龟兔赛跑，乌龟的速度为 1 米 /1 000 毫秒，兔子的速度为 5 米 /500 毫秒，等兔子跑到第 600 米时选择休息 10 000 毫秒，结果乌龟赢得了比赛。

2. 运行结果

运行结果如图 7 - 14 所示。

图 7 - 14　运行结果

任务目标

◆ 学会分析"龟兔赛跑"任务实现的逻辑思路。
◆ 能够独立完成"龟兔赛跑"程序的源代码编写、编译以及运行。
◆ 能够在程序中使用多线程完成逻辑思路。

任务分析

（1）查看运行结果分析后，首先创建一个 Torist() 方法作为乌龟线程的内部类，在 Torist() 方法中使用 sleep 模拟乌龟跑步。

（2）查看运行结果分析后，创建一个 Rabbit() 方法作为兔子线程的内部类，在 Torist() 方法中使用 sleep 模拟乌龟跑步。

（3）最后在 main 方法中调用 Torist() 与 Rabbit() 方法实现龟兔赛跑。

任务实现

任务实现代码请参考二维码显示。

龟兔赛跑

7.4.3　线程让步

在篮球比赛中，我们经常会看到两队选手互相抢篮球，当某个选手抢到篮球后就可以拍一会儿，之后他会把篮球让出来，其他选手重新开始抢篮球，这个过程就相当于 Java 程序中的线程让步。所谓的线程让步是指正在执行的线程，在某些情况下将 CPU 资源让给其他线程执行。

线程让步可以通过 yield() 方法来实现，该方法和 sleep() 方法有点相似，都可以让当前正在运行的线程暂停，区别在于 yield() 方法不会阻塞该线程，它只是将线程转换成就绪状态，让系统的调度器重新调度一次。当某个线程调用 yield() 方法之后，只有与当前线程优先级相同或者更高的线程才能获得执行的机会。

下面通过一个案例来演示 yield() 方法的使用：

```
package cn.itcast10;
// 定义 YieldThread 类继承 Thread 类
class YieldThread extends Thread {
    // 定义一个有参的构造方法
    public YieldThread(String name) {
        super(name);                    // 调用父类的构造方法
    }
    public void run() {
        for (int i = 0; i < 6; i++) {
            System.out.println(Thread.currentThread().getName() + "---" + i);
            if (i == 3) {
                System.out.print(" 线程让步：");
                Thread.yield();          // 线程运行到此，作出让步
            }
        }
    }
}
public class Example10 {
    public static void main(String[] args) {
        // 创建两个线程
        Thread t1 = new YieldThread(" 线程 A");
        Thread t2 = new YieldThread(" 线程 B");
        // 开启两个线程
        t1.start();
        t2.start();
    }
}
```

运行结果如图 7-15 所示。

从图 7-15 可以看出，当线程 B 输出 3 时，线程 B 做出了让步，线程 A 抢占到 CPU 的执行权，输出线程 A--0，然而当线程 A==3 时，做出了让步，但是线程 A 又一次抢占到 CPU 的执行权，继而输出线程 A--4。所以，我们不能试图通过线程让步来控制业务的执行顺序。

图 7 - 15   运行结果

7.4.4   线程插队

现实生活中经常能碰到"插队"的情况，同样，在 Thread 类中也提供了一个 join() 方法来实现这个"功能"。当在某个线程中调用其他线程的 join() 方法时，调用的线程将被阻塞，直到被 join() 方法加入的线程执行完成后它才会继续运行。下面通过一个案例来演示 join() 方法的使用：

```java
package cn.itcast11;
public class Example11{
    public static void main(String[] args) throws InterruptedException {
        // 创建线程
        Thread t = new Thread(new EmergencyThread()," 线程一 ");
        t.start();                    // 开启线程
        for (int i = 1; i < 6; i++) {
            System.out.println(Thread.currentThread().getName()+" 输入：" +i);
            if (i == 2) {
                t.join();            // 将 t 线程加入到 main 线程中
            }
            Thread.sleep(500);        // 线程休眠 500 毫秒
        }
    }
}
class EmergencyThread implements Runnable {
    public void run() {
        for (int i = 1; i < 6; i++) {
            System.out.println(Thread.currentThread().getName()+" 输入：" +i);
            try {
                Thread.sleep(500);    // 线程休眠 500 毫秒
            } catch (InterruptedException e) {
                e.printStackTrace();
            }
        }
    }
}
```

运行结果如图 7 - 16 所示。

图 7 - 16　运行结果

由图 7 - 16 可以看出，当 main 输入 2 时，线程一插队了，直到线程一结束，main 线程才继续执行。

任务 7-2　Svip 优先办理服务

任务介绍

1. 任务描述

在日常的工作生活中，无论哪个行业都会设置一些 Svip 用户，Svip 用户具有超级优先权，在办理业务时，Svip 用户具有最大的优先级。

本任务要求编写一个模拟 Svip 优先办理业务的程序，在正常的业务办理中，插入一个 Svip 用户，优先为 Svip 用户办理业务。本案例在实现时，可以通过多线程实现。

2. 运行结果

运行结果如图 7 - 17 所示。

图 7 - 17　运行结果

任务目标

◆　学会分析"Svip 优先办理服务"任务实现的逻辑思路。

◆ 能够独立完成"Svip 优先办理服务"程序的源代码编写、编译以及运行。

◆ 能够在程序中使用多线程的"插队"完成逻辑思路。

任务分析

（1）查看运行结果分析后，创建一个 special() 方法模拟 Svip 办理业务。

（2）查看运行结果分析后，首先创建一个 normal() 方法模拟正常的窗口排队，当有 Svip 客户时使用 join 线程让步，调用 special() 优先让 Svip 办理业务。

（3）最后在 main 方法中调用 normal() 方法。

任务实现

任务实现代码请参考二维码显示。

Svip.java

7.5 多线程同步

多线程的并发执行可以提高程序的效率，但是，当多个线程去访问同一个资源时，也会引发一些安全问题。例如，当统计一个班级的学生数目时，如果有同学进进出出，则很难统计正确。为了解决这样的问题，需要实现多线程的同步，即限制某个资源在同一时刻只能被一个线程访问。

7.5.1 多线程同步简介

前面讲解的售票案例，极有可能碰到"意外"情况，如一张票被打印多次，或者打印出的票号为 0 甚至负数。这些"意外"都是由多线程操作共享资源 ticket 所导致的线程安全问题。接下来对售票案例进行修改，模拟四个窗口出售 10 张票，并在售票的代码中使用 sleep() 方法，令每次售票时线程休眠 10 毫秒（真实售票会有网络延时，所以休眠 10 毫秒）。

```java
package cn.itcast12;
public class Example12 {
    public static void main(String[] args) {
        SaleThread saleThread = new SaleThread();  // 创建 SaleThread 对象
        // 创建并开启四个线程
        new Thread(saleThread, " 线程一 ").start();
        new Thread(saleThread, " 线程二 ").start();
        new Thread(saleThread, " 线程三 ").start();
        new Thread(saleThread, " 线程四 ").start();
    }
}
// 定义 SaleThread 类实现 Runnable 接口
class SaleThread implements Runnable {
    //定义一个成员变量，来记录票的总数量
```

```
    private int tickets = 10;
    @Override
    public void run() {
        while (tickets > 0) {
            try {
                Thread.sleep(10);                        // 经过此处的线程休眠 10 毫秒
            } catch (InterruptedException e) {
                e.printStackTrace();
            }
            System.out.println(Thread.currentThread().getName() + "--- 卖出的票 "
                + tickets--);
        }
    }
}
```

运行结果如图 7 - 18 所示。

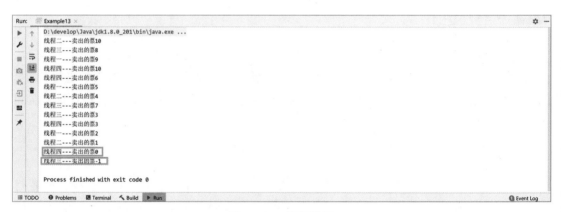

图 7 - 18　运行结果

从图 7 - 18 的运行结果看出，出现了卖 0 号和 –1 号票的不正常现象，然而在实际生活中，售票程序中只有当票号大于 0 时才会进行售票。运行结果中之所以出现了负数的票号是因为多线程在售票时出现了安全问题。出现这样的安全问题的原因是在售票程序的 while 循环中添加了 sleep() 方法，使线程产生延迟。

我们现在分析为什么会出现这样的现象。根据图 7 - 18 的运行结果，当仅剩 1 张票时，假设线程二进来了，首先对票号 ==1 进行判断后，进入 while 循环，在售票之前通过 sleep() 方法让线程二休眠 10 毫秒。此时，票号 1 还没售卖出去，线程四进来了，也对票号 ==1 进行判断成立，进入 while 循环，在售票之前通过 sleep() 方法让线程四休眠 10 毫秒。在这期间，票号 1 仍然没售卖出，线程三进来了，也对票号 ==1 进行判断成立，进入 while 循环，在售票之前通过 sleep() 方法让线程三休眠 10 毫秒。等都休眠 10 毫秒之后，这三个线程都会进行售票，这样就相当于将票号减了三次，就会出现图 7 - 18 的"线程二的票1，线程四售票0，线程三售票 –1"的结果。

从图 7 - 19 所示线程执行过程可以很形象地看出，当 tickets==1 时，线程二、线程

四、线程三依次进入这个 while 循环里了。

```
                              线程三
                                    线程四
                                          线程二
        while (tickets > 0) {
            try {
                Thread.sleep(10); // 经过此处的线程休眠10毫秒
            } catch (InterruptedException e) {
                e.printStackTrace();
            }
            System.out.println(Thread.currentThread().getName() + "---卖出的票"
                    + tickets--);
        }
```

图 7 - 19　线程执行过程

上述案例就是多线程在访问共享数据时，很有可能出现的线程安全问题。下一小节将讲解如何解决线程安全问题。

7.5.2　同步代码块

通过 7.5.1 小节，了解到线程安全问题其实就是由多个线程同时处理共享资源所导致的，要想解决线程安全问题，必须得保证在任何时刻只能有一个线程访问共享资源。也就是说，我们需要让下列代码在任意时刻只能有一个线程执行，共享资源如下：

```
while (tickets > 0) {
    try {
        Thread.sleep(10);          // 经过此处的线程休眠 10 毫秒
    } catch (InterruptedException e) {
        e.printStackTrace();
    }
    System.out.println(Thread.currentThread().getName() + "--- 卖出的票 "
        + tickets--);
}
```

为了实现这种限制，Java 中提供了同步机制。当多个线程使用同一个共享资源时，可以将处理共享资源的代码放在一个使用 synchronized 关键字修饰的代码块中，这个代码块被称为同步代码块。使用 synchronized 关键字创建同步代码块的语法格式如下：

```
synchronized(lock){
    操作共享资源代码块
}
```

上面的格式中，lock 是一个锁对象，它是同步代码块的关键。这个 lock 对象相当于一把锁，只有获取到这把锁的线程才能进入到共享资源代码块里面去执行相关的代码，没有获取到这把锁的线程只能在外面等待。等当前线程执行完同步代码块后，所有的线程开始抢夺这把锁，抢到锁的线程将进入同步代码块，执行其中的代码。如此循环往复，直到共享资源被处理完为止。这个过程就好比一个公用电话亭，只有前一个人打完电话出来后，后面的人才可以打。

同步代码块

下面将案例 12 中售票的同步代码块放到 synchronized 区域中：

```java
package cn.itcast13;
// 定义 Ticket1 类继承 Runnable 接口
class Ticket1 implements Runnable {
    private int tickets = 10;              // 定义变量 tickets，并赋值 10
    Object lock = new Object();            // 定义任意一个对象，用作同步代码块的锁
    public void run() {
        while (true) {                     // 为了模拟一直有票
            synchronized (lock) {          // 定义同步代码块
                try {
                    Thread.sleep(10);      // 经过的线程休眠 10 毫秒
                } catch (InterruptedException e) {
                    e.printStackTrace();
                }
                if (tickets > 0) {
                    System.out.println(Thread.currentThread().getName()
                        + "--- 卖出的票 " + tickets--);
                } else {                    // 如果 tickets 小于 0，跳出循环
                    break;
                }
            }
        }
    }
}
public class Example13 {
    public static void main(String[] args) {
        Ticket1 ticket = new Ticket1();        // 创建 Ticket1 对象
        // 创建并开启四个线程
        new Thread(ticket, " 线程一 ").start();
        new Thread(ticket, " 线程二 ").start();
        new Thread(ticket, " 线程三 ").start();
        new Thread(ticket, " 线程四 ").start();
    }
}
```

运行结果如图 7-20 所示。

上述代码中，将有关 tickets 变量的操作全部都放到同步代码块中。为了保证线程的持续执行，将同步代码块放在死循环中，直到 ticket<0 时跳出循环。从运行结果可以看出，售出的票不再出现 0 和负数的情况，这是因为售票的代码实现了同步，之前出现的线程安全问题得以解决。运行结果中并没有出现线程二和线程三售票的语句，出现这样的现象是很正常的，因为线程在获得锁对象时有一定的随机性，在整个程序的运行期间，线程二和线程三始终未获得锁对象，所以未能显示它们的输出结果。

图 7 - 20   运行结果

> 注意：
>
> 同步代码块中的锁对象可以是任意类型的对象，但多个线程共享的锁对象必须是唯一的。"任意"说的是共享锁对象的类型。锁对象的创建代码不能放到 run() 方法中，否则每个线程运行到 run() 方法都会创建一个新对象，这样每个线程都会有一个不同的锁，每个锁都有自己的标志位，这样线程之间便不能产生同步的效果。

7.5.3   同步方法

通过学习 7.5.2 小节的内容，了解到同步代码块可以有效解决线程的安全问题，当把共享资源的操作放在 synchronized 定义的区域内时，便为这些操作加了同步锁。在方法前面同样可以使用 synchronized 关键字来修饰，被修饰的方法为同步方法，它能实现和同步代码块同样的功能，具体语法格式如下：

synchronized 返回值类型 方法名 ([参数 1,...]){}

被 synchronized 修饰的方法在某一时刻只允许一个线程访问，访问该方法的其他线程都会发生阻塞，直到当前线程访问完毕后，其他线程才有机会执行该方法：

```
package cn.itcast14;
// 定义 Ticket1 类实现 Runnable 接口
class Ticket1 implements Runnable {
    private int tickets = 10;
    @Override
    public void run() {
        while (true) {
            saleTicket();                    // 调用售票方法
            if (tickets <= 0) {
                break;
            }
        }
    }
    // 定义一个同步方法 saleTicket()
```

```
        private synchronized void saleTicket() {
            if (tickets > 0) {
                try {
                    Thread.sleep(10);                // 经过的线程休眠 10 毫秒
                } catch (InterruptedException e) {
                    e.printStackTrace();
                }
                System.out.println(Thread.currentThread().getName() + "--- 卖出的票 "
                    + tickets--);
            }
        }
    }
public class Example14 {
    public static void main(String[] args) {
        Ticket1 ticket = new Ticket1();         // 创建 Ticket1 对象
        // 创建并开启四个线程
        new Thread(ticket," 线程一 ").start();
        new Thread(ticket," 线程二 ").start();
        new Thread(ticket," 线程三 ").start();
        new Thread(ticket," 线程四 ").start();
    }
}
```

运行结果如图 7 - 21 所示。

图 7 - 21　运行结果

上述代码中，将售票代码抽取为售票方法 saleTicket()，并用 synchronized 关键字把 saleTicket() 修饰为同步方法。从图 7 - 21 所示的运行结果可以看出，同样没有出现 0 号和负数号的票，说明同步方法实现了和同步代码块一样的效果。

思考：

大家可能会有这样的疑问：同步代码块的锁是自己定义的任意类型的对象，那么同步方法是否也存在锁？如果有，它的锁是什么呢？答案是肯定的，同步方法也有锁，它的锁就是当前调用该方法的对象，也就是 this 指向的对象。这样做的好处是，同步方法被所有线程所共享，方法所在的对象相对于所有线程来说是唯一的，从而保证了锁的唯一性。当一个线程执行该方法时，其他的线程就不能进入该方法中，直到这个线程执行完该方法为止，从而达到了线程同步的效果。

有时候需要同步的方法是静态方法，静态方法不需要创建对象就可以直接用"类名 . 方法名 ()"的方式调用。如果不创建对象，静态同步方法的锁就不会是 this，那么静态同步方法的锁是什么？ Java 中静态方法的锁是该方法所在类的 class 对象，即当前类所对应的字节码文件对象，该对象在装载该类时自动创建，该对象可以直接用类名 .class 的方式获取。

同步代码块和同步方法解决多线程问题有好处也有弊端。同步解决了多个线程同时访问共享数据时的线程安全问题，只要加上同一个锁，在同一时间内只能有一条线程执行。但是线程在执行同步代码时每次都会判断锁的状态，非常消耗资源，效率较低。

7.5.4　死锁问题

死锁问题的相关内容请参考二维码显示。

死锁问题

任务 7-3　模拟银行存取钱

任务介绍

1. 任务描述

在银行办理业务时，通常银行会开多个窗口，客户排队等候，窗口办理完业务，会呼叫下一个用户办理业务。本案例要求编写一个程序模拟银行存取钱业务。假如有两个用户在存取钱，两个用户分别操作各自的账户，并在控制台打印存取钱的数量以及账户的余额。

2. 运行结果

运行结果如图 7 – 22 所示。

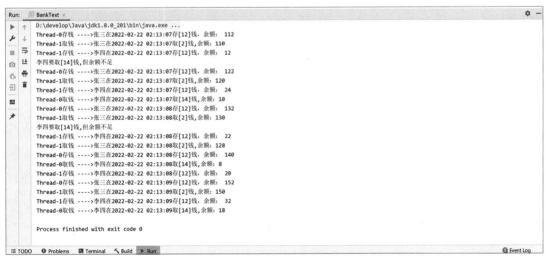

图 7 – 22　运行结果

任务目标

- 学会分析"模拟银行存取钱业务"任务实现的逻辑思路。
- 能够独立完成"模拟银行存取钱业务"程序的源代码编写、编译以及运行。
- 通过存取钱线程理解多线程安全问题的发生原因，并掌握如何解决多线程安全问题。

任务分析

（1）通过任务描述和运行结果可以看出，该任务需要使用多线程的相关知识来实现。由于两个用户操作各自的账户，因此需要创建两个线程完成每个用户的操作。这里使用实现 Runnable 接口的方法来创建线程。

（2）既然是储户去银行存款，那么可以得出该任务会涉及三个类，分别是银行类、储户类和测试类。

（3）定义一个实体类作为账务的集合，包括用户名、登录名、登录密码、钱包、取钱时间和存钱时间等字段。

（4）在银行类中需要定义一个账户的实体类、一个存钱的方法、一个取钱的方法、查询余额的方法和获取当前用户的方法。获取当前用户方法需要使用 synchronized 线程锁判断是哪一位用户，在存钱和取钱的方法中先调用获取用户方法判断操作者，再进行存取钱操作。需要注意的是在进行取钱操作时，需要判断余额是否大于需要取的钱数。

（5）在测试类中使用 for 循环调用线程模拟用户存取钱操作。

任务实现

任务实现代码请参考二维码显示。

银行存取钱业务

任务 7-4 小朋友就餐

任务介绍

1. 任务描述

一圆桌前坐着 5 位小朋友，两个人中间有一只筷子，桌子中央有面条。小朋友边吃边玩，当饿了的时候拿起左右两只筷子吃饭，必须拿到两只筷子才能吃饭。但是，小朋友在吃饭过程中，可能会发生 5 个小朋友都拿起自己右手边的筷子，这样每个小朋友都因缺少左手边的筷子而没有办法吃饭。本案例要求编写一个程序解决小朋友就餐问题，使每个小朋友都能成功就餐。

2. 运行结果

运行结果如图 7-23 所示。

图 7 - 23　运行结果

任务目标

- 学会分析"小朋友就餐问题"任务实现的逻辑思路。
- 能够独立完成"小朋友就餐问题"程序的源代码编写、编译以及运行。
- 通过"小朋友就餐问题"程序理解多线程安全问题的原因，并掌握如何解决多线程安全问题。

任务分析

（1）首先分析小朋友和左右手筷子的摆放情况。如图 7 - 24 所示，图中圆圈代表小朋友，斜线代表筷子。依次给小朋友和筷子标号。由此可以看出 0 号小朋友的左手筷子是 0 号，右手筷子是 1 号；1 号小朋友的左手筷子是 1 号，右手筷子是 2 号，等等。所以，有如下规律，当是 i 号小朋友时，对应的左手筷子是 i 号，右手筷子是 (i+1)%5 号。因此在代码中 i 代表小朋友，used[i] 表示左手筷子，used[(i+1)%5] 代表右手筷子。

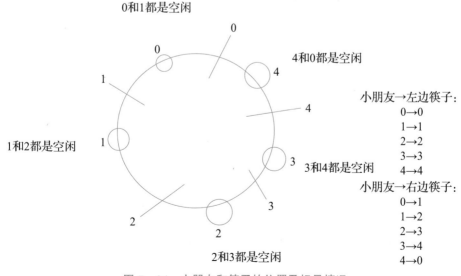

图 7 - 24　小朋友和筷子的位置及标号情况

（2）在筷子 Fork 类中，需要在获取筷子的方法 takeFork 中先定义一个 boolean 类型的数组，代表 5 根筷子的使用情况；再使用 synchronized 线程锁来控制只有左右手的筷子都未被使用时，才允许获取筷子，且必须同时获取左右手筷子。

（3）在筷子 Fork 类中，需要在释放左右手筷子的方法 putFork 中使用 synchronized 线程锁来释放筷子。

（4）每个小朋友相当于一个线程，所以先创建一个 Philosopher() 方法作为小朋友。

（5）创建 eating() 方法作为小朋友吃饭时的线程，创建 thinking() 方法作为小朋友玩耍时的线程。

（6）最后在 Test04 测试类中调用 5 次以上方法，代表 5 位小朋友。

任务实现

任务实现代码请参考二维码显示。

小朋友就餐

本章小结

本章详细介绍了多线程的基础知识，首先从进程与线程两部分讲解了线程的概述；其次介绍了线程创建的两种方式，又对比了两种创建线程方式的优缺点；接着讲解了线程的生命周期与状态转换；然后从线程的优先级、休眠、让步和插队四方面讲解了线程的调度；最后从多线性的线程安全、同步代码块、同步方法和如何解决死锁问题几方面介绍了多线程的同步。通过本章的学习，大家对 Java 中的多线程已经有了初步的认识，熟练掌握好这些知识，对以后的编程开发大有裨益。

本章习题

一、填空题

1. 实现多线程的两种方式是继承_____类和实现_____接口。

2. 线程的整个生命周期分为 5 个阶段，分别是_____、_____、_____、阻塞状态和死亡状态。

3. Thread 类中的_____方法用于开户一个新线程，当新线程启动后，系统会自动调用_____方法。

4. 执行_____方法，可以让线程在规定的时间内休眠。

5. 同步代码块使用_____关键字来修饰。

二、判断题

1. 当我们创建一个线程对象时，该对象表示的线程就立即开始运行。（　　　）

2. 静态方法不能使用 synchronized 关键字来修饰。（　　　）

3. 对 Java 程序来说，只要还有一个前台线程在运行，这个进程就不会结束。（　　　）

4. 实现 Runnable 接口比继承 Thread 类创建线程的方式扩展性更好。（　　　）

5. 使用 synchronized 关键字修饰的代码块，被称为同步代码块。（　　　）

6. 多个线程的运行顺序一定是按线程启动的顺序进行的。（　　　）

7. 线程运行中调用 sleep 方法进入阻塞状态，sleep 结束后线程马上处于运行（running）的状态。（　　　）

8. run 方法是运行线程的主体，若 run 方法运行结束，线程就消亡了。（　　　）

三、选择题

1. 下列有关线程的创建方式说法错误的是（　　　）。

    A. 通过继承 Thread 类与实现 Runnable 接口都可以创建多线程程序

    B. 实现 Runnable 接口相对于继承 Thread 类来说，可以避免由于 Java 的单继承带来的局限性

    C. 通过继承 Thread 类与实现 Runnable 接口创建多线程这两种方式没有区别

    D. 大部分的多线程应用都会采用实现 Runnable 接口方式创建

2. 以下关于线程的说法错误的是（　　　）。

    A. Thread 的构造方法实现 Runnable 接口的类的对象作为参数可以创建线程

    B. 线程运行中调用 sleep 方法进入阻塞状态，sleep 结束后线程马上处于运行状态

    C. 多线程同步处理的目的是为了让多个线程协调地并发工作

    D. 当执行到同步语句 synchronized（引用类型表达式）的语句块时，引用类型表达式所指向的对象就会被锁住，不允许其他线程对其访问，即当前的线程独占该对象

3. 下列关于线程优先级的描述，错误的是（　　　）。

    A. NORM_PRIORITY 代表普通优先级，默认值是 5

    B. 一般情况下，主函数具有普通优先级

    C. 新建线程的优先级默认为最低

    D. 优先级高的线程获得先执行权的概率越大

4. 下面关于 join() 方法描述正确的是（　　　）。

    A. join() 方法用于线程休眠　　　　　　B. join() 方法用于线程启动

    C. join() 方法用于线程插队　　　　　　D. join() 方法用于线程同步

5. Java 多线程中，关于解决死锁的方法说法错误的是（　　　）。

    A. 避免存在一个进程等待序列 {P1, P2, ..., Pn}，其中 P1 等待 P2 所占有的某一资源，P2 等待 P3 所占有的某一资源，......，Pn 等待 P1 所占有的某一资源，可以避免死锁

    B. 打破互斥条件，即允许进程同时访问某些资源，可以预防死锁，但是，有的资源是不允许被同时访问的，所以这种办法并无实用价值

    C. 打破不可抢占条件，即允许进程强行从占有者那里夺取某些资源。就是说，当一个进程已占有了某些资源，它又申请新的资源，但不能立即被满足时，它必须释放所占有的全部资源，以后再重新申请。它所释放的资源可以分配给其他进程，这样可以避免死锁

D. 使用打破循环等待条件（避免第一个线程等待其他线程，后者又在等待第一个线程）的方法不能避免线程死锁

6. 对于线程的生命周期，下面四种说法正确的有哪些？（多选）（　　　）

A. 调用了线程的 start() 方法，该线程就进入运行状态

B. 线程的 run() 方法运行结束或被未 catch 的 InterruptedException 等异常终结，那么该线程进入死亡状态

C. 线程进入死亡状态，但是该线程对象仍然是一个 Thread 对象，在没有被垃圾回收器回收之前仍可以像引用其他对象一样引用它

D. 线程进入死亡状态后，调用它的 start() 方法仍然可以重新启动

7. 编译、运行下列程序，会产生什么结果？（　　　）

```java
public class TestRunnable implements Runnable{
    @Override
    public void run() {
        System.out.print(1);
        try {
            Thread.sleep(1000);
        } catch (InterruptedException e) {
            e.printStackTrace();
        }
        System.out.println(2);
    }
    public static void main(String[] args) {
        Thread t=new Thread(new TestRunnable());
        t.start();
    }
}
```

A. 程序无法通过编译

B. 程序可以通过编译并正常运行，结果输出 1

C. 程序可以通过编译，结果输出 12

D. 程序可以通过编译，但运行时会抛出异常

四、简答题

1. 创建线程有哪两种方法？这两种方法有什么区别？

2. 简述同步代码块的作用。

五、编程题

1. 编写一个程序，创建两个线程，要求分别输出 26 个字母。在输出结果时，要显示是哪个线程输出的字母。

2. 模拟三个老师同时给 50 个小朋友发苹果，每个老师相当于一个线程。

第8章

JDBC

教学目标

知识目标

1. 了解 JDBC 概念及常用 API。
2. 掌握 JDBC 程序的编写。

能力目标

1. 理解什么是 JDBC 以及 JDBC 常用 API。
2. 学会编写 JDBC 程序，完成对数据库的增删查改。

素质目标

培养学生具有敬党爱国的高尚情怀，养成热爱劳动的习惯。

在软件开发中，经常要使用数据库存储和管理数据。为了在 Java 语言中提供对数据库访问的支持，Sun 公司于 1996 年提供了一套访问数据库的标准 Java 类库，即 JDBC。本章主要围绕 JDBC 常用 API 进行详细讲解。

8.1 什么是 JDBC

JDBC 的全称是 Java 数据库连接（Java Database Connectivity），它是一套用于执行 SQL 语句的 Java API。我们的应用程序可通过这套 API 连接到关系型数据库，并使用这套 API 来执行相关的 SQL 语句完成对数据库中数据的新增、删除、修改和查询等操作。简单来说，就是借助于 Java 提供的这套 API（即 JDBC）来实现对关系型数据库的相关操作。

但是，这里要注意的是，Java 给我们提供的这套操作关系型数据库所对应的 API 仅仅是一套接口，或者说是一些抽象类，Java 并没有提供一些具体的类来操作关系型数据库，那 Java 为什么没有提供具体的类来操作关系型数据库呢？

不同的数据库（如 MySQL、Oracle 等）底层实现细节以及内部的数据处理方式是不同的，如果 Java 提供具体的类来操作关系型数据库，此时，它就需要针对每一种关系型数据库来提供具体的类（比如 MySQL、Oracle 分别提供具体的类），那么就会出现两个问题，第一，对于开发人员来说，开发成本大大增加了，因为 Java 需要对每一种关系型数据库提供具体的类。第二，对于使用者来说，后期的维护成本提高了。假设项目刚开始使用 MySQL 数据库，此时就需要借助于 MySQL 所对应的具体 API 来操作，后期如果底层数据库改成了 Oracle，此时就需要修改代码，使用 Oracle 所对应的具体 API 来操作，即随着底层数据库的变更，我们需要频繁地修改相关代码，这样就使维护成本增高了。

因此，基于上述两点，Java 提供操作数据库的这套 API 就不是具体的类，而是一套接口。后期开发人员在进行开发的时候只需要面向这一套接口编程（即 JDBC）就行了。那么仅有接口能实现数据库的相关操作吗？答案是肯定不行，因为接口的方法都是抽象方法，没有具体的方法体。所以要操作这些数据库，还必须有接口所对应的实现类。因为数据库厂商非常清楚自己数据库的细节及处理方式，所以这个接口所对应的实现类是由数据库厂商开发的，我们将这些实现类称为数据库驱动。这样，即使后期数据库发生变更，我们只需要更改数据库驱动就可以，程序代码不需要更改。

应用程序使用 JDBC 访问数据库的方式如图 8-1 所示。

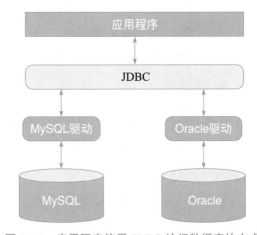

图 8-1　应用程序使用 JDBC 访问数据库的方式

由图 8-1 可以看出，JDBC 起到应用程序和底层数据库的桥梁的作用。JDBC 要求各个数据库厂商按照统一的规范提供数据库驱动程序，在程序中由 JDBC 与具体的数据库驱动联系，因此，用户就不必直接与底层的数据库交互，使代码的通用性更强。即当应用程序使用 JDBC 访问特定的数据库时，需要通过不同数据库驱动与不同数据库连接，连接后就可对数据库进行相应操作。

8.2　JDBC 常用 API

在开发 JDBC 程序前，先了解一下 JDBC 常用的 API。JDBC API 主要位于 java.sql 包中，该包定义了一系列访问数据库的接口和类。本节将对该包内常用的接口和类进行详细讲解。

8.2.1 Driver 接口

Driver 接口是所有 JDBC 驱动程序必须实现的接口，该接口专门提供给数据库厂商使用。需要注意的是，在编写 JDBC 程序时，必须要把所使用的数据库驱动程序或类库加载到项目的 classpath 中（这里指 MySQL 驱动 JAR 包）。

8.2.2 DriverManager 接口

DriverManager 接口用于加载 JDBC 驱动、创建与数据库的连接。在 DriverManager 接口中，定义了两个比较重要的静态方法，见表 8 - 1。

表 8 - 1　DriverManger 接口两个比较重要的方法

方法名称	功能描述
static void registerDriver(Driver driver)	用于向 DriverManager 注册给定的 JDBC 驱动程序
static Connection getConnection(String url,String user,String pwd)	用于建立和数据库的连接，并返回表示连接的 Connection 对象

8.2.3 Connection 接口

Connection 接口用于处理与特定数据库的连接，并返回执行 SQL 语句相关对象。Connection 对象是表示数据库连接的对象，只有获得该连接对象，才能访问并操作数据库。Connection 接口的常用方法见表 8 - 2。

表 8 - 2　Connection 接口的常用方法

方法名称	功能描述
Statement createStatement()	用于创建一个 Statement 对象将 SQL 语句发送到数据库
PreparedStatement prepareStatement(String sql)	用于创建一个 PreparedStatement 对象将参数化的 SQL 语句发送到数据库
CallableStatement prepareCall(String sql)	用于创建一个 CallableStatement 对象来调用数据库存储过程

8.2.4 Statement 接口

Statement 接口用于执行静态的 SQL 语句，并返回一个结果对象。Statement 接口对象可以通过 Connection 实例的 createStatement() 方法获得，该对象会把静态的 SQL 语句发送到数据库中编译执行，然后返回数据库的处理结果。

Statement 接口提供了 3 个常用的执行 SQL 语句的方法，见表 8 - 3。

表 8 - 3   Statement 接口常用的执行 SQL 语句的方法

方法名称	功能描述
boolean execute(String sql)	用于执行各种 SQL 语句。该方法返回一个 boolean 类型的值，如果为 true，表示所执行的 SQL 语句有查询结果，可以通过 Statement 的 getResultSet() 方法获得查询结果
int executeUpdate(String sql)	用于执行 SQL 中的 insert、update 和 delete 语句。该方法返回一个 int 类型的值，表示数据库中受该 SQL 语句影响的记录条数
ResultSet executeQuery(String sql)	用于执行 SQL 中的 select 语句。该方法返回一个表示查询结果的 ResultSet 对象

注意，Statement 接口要求执行静态的 SQL 语句。SQL 语句就是在程序里面已经把 SQL 语句拼接好了，后期对于数据库而言，这个 SQL 语句就是固定的，具体事例如下：

```
String sql = "INSERT INTO users(id,name,email)
VALUES(1,'zhangsan','zs@sina.com')";
Statement  st = conn.createStatement();
st.executeUpdate(sql);
```

8.2.5　PreparedStatement 接口

Statement 接口封装了 JDBC 执行 SQL 语句的方法，可以完成 Java 程序执行 SQL 语句的操作。然而在实际开发过程中往往需要将程序中的变量作为 SQL 语句的查询条件，而使用 Statement 接口操作这些 SQL 语句会过于烦琐，并且存在安全方面的问题。针对这一问题，JDBC API 提供了扩展的 PreparedStatement 接口。

PreparedStatement 是 Statement 的子接口，用于执行预编译的 SQL 语句。PreparedStatement 接口扩展了带有参数 SQL 语句的执行操作，该接口中的 SQL 语句可以使用占位符 "?" 代替参数，然后通过 setter() 方法为 SQL 语句的参数赋值。

PreparedStatement 接口提供了一些常用方法，见表 8 - 4。

表 8 - 4   PreparedStatement 接口提供的常用方法

方法名称	功能描述
int executeUpdate()	在 PreparedStatement 对象中执行 SQL 语句，SQL 语句必须是一个 DML 语句或者是无返回内容的 SQL 语句，如 DDL 语句
ResultSet executeQuery()	在 PreparedStatement 对象中执行 SQL 查询，该方法返回的是 ResultSet 对象
void setInt(int parameterIndex, int x)	将指定参数设置成给定的 int 值
void setString(int parameterIndex,String x)	将指定参数设置成给定的 String 值

通过 setter() 方法为 SQL 语句中的参数赋值时，可以通过已定义的 SQL 类型参数兼容输入参数。例如，如果参数具有的 SQL 类型为 Integer，那么应该使用 setInt() 方法或 setObject() 方法设置多种类型的输入参数，具体示例如下：

```
String sql = "INSERT INTO users(id,name,email) VALUES(?,?,?)";
PreparedStatement  preStmt = conn.prepareStatement(sql);
preStmt.setInt(1, 1);                         // 使用参数的已定义 SQL 类型
preStmt.setString(2, "zhangsan");             // 使用参数的已定义 SQL 类型
preStmt.setObject(3, "zs@sina.com");          // 使用 setObject() 方法设置参数
preStmt.executeUpdate();
```

8.2.6　ResultSet 接口

ResultSet 接口用于保存 JDBC 执行查询时返回的结果集，该结果集封装在一个逻辑表格中。在 ResultSet 接口内部有一个指向表格数据行的游标（或指针），ResultSet 对象初始化时，游标在表格的第一行之前，调用 next() 方法可以将游标移动到下一行。如果下一行没有数据，则返回 false。简而言之，next() 有两个作用，一个是游标向下一行，另一个是判断下一行是否为空。在应用程序中经常使用 next() 方法作为 while 循环的条件来迭代 ResultSet 结果集。

ResultSet 接口的常用方法见表 8 - 5。

表 8 - 5　ResultSet 接口的常用方法

方法名称	功能描述
String getString(int columnIndex)	用于获取指定字段的 String 类型的值，参数 columnIndex 代表字段的索引
String getString(String columnName)	用于获取指定字段的 String 类型的值，参数 columnName 代表字段的名称
int getInt(int columnIndex)	用于获取指定字段的 int 类型的值，参数 columnIndex 代表字段的索引
int getInt(String columnName)	用于获取指定字段的 int 类型的值，参数 columnName 代表字段的名称
boolean next()	将游标从当前位置向下移一行

从表 8 - 5 中可以看出，ResultSet 接口中定义了一些 getter 方法，而采用哪种 getter 方法获取数据取决于字段的数据类型。程序既可以通过字段的名称来获取指定数据，也可以通过字段的索引来获取指定数据，字段的索引是从 1 开始编号的。例如，数据表的第一列字段名为 id，字段类型为 int，那么既可以使用 getInt(1) 获取该列的值，也可以使用 getInt（"id"）获取该列的值。

8.3　实现 JDBC 程序

8.3.1　实现 JDBC 相关步骤

通过 8.1 节和 8.2 节的学习，大家对 JDBC 及常用 API 已经有了大致的了解，下面将讲解如何使用 JDBC 的常用 API 来实现 JDBC 程序。使用 JDBC 的常用 API 实现 JDBC 程序的步骤如图 8-2 所示。

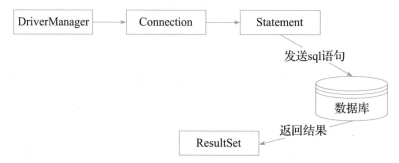

图 8-2　使用 JDBC 的常用 API 实现 JDBC 程序的步骤

下面结合图 8-2，分步骤讲解 JDBC 的 API 实现 JDBC 的过程。

1. 把数据库所对应的驱动 JAR 包加载到当前项目的 classpath 路径下

首先，在 IntelliJ IDEA 开发工具中，在当前项目下，新建一个 lib 文件夹。然后，把数据库驱动包放入文件夹 lib 中，右击当前驱动包，选择【Add as Library】，然后单击【OK】就加载到了 classpath 路径下。

2. 加载并注册数据库驱动

在连接数据库之前，要加载数据库的驱动到 JVM（Java 虚拟机）。加载操作可以通过 java.lang.Class 类的静态方法 forName(String className) 或 DriverManager 类的静态方法 registerDriver(Driver driver) 实现，具体示例如下：

```
DriverManager.registerDriver(Driver driver);
或
Class.forName("DriverName");
```

在实际开发中，我们常用第 2 种方式注册数据库驱动，DriverName 表示数据库的驱动类。以 MySQL 数据库为例，MySQL 驱动类在 6.0.2 版本之前为 com.mysql.jdbc.Driver，而在 6.0.2 版本之后为 com.mysql.cj.jdbc.Driver，要根据自己数据库版本选择对应的驱动类。

3. 通过 DriverManager 获取数据库连接对象

获取数据库连接的具体方式如下：

```
Connection conn = DriverManager.getConnection(String url, String user, String pwd);
```

从上述代码可以看出，getConnection() 方法有 3 个参数，分别表示连接数据库的地址、登录数据库的用户名和密码。以 MySQL 数据库为例，MySQL 数据库地址的书写格式如下：

jdbc:mysql://hostname:port/databasename

在上面代码中，jdbc:mysql: 是固定的写法，代表协议，连接数据库，需要 jdbc 协议下面的 mysql 协议；hostname 指的是主机的名称（如果数据库在本机中，hostname 可以为 localhost 或 127.0.0.1；如果要连接的数据库在其他电脑上，hostname 为所要连接电脑的 IP）；port 指的是连接数据库的端口号（MySQL 端口号默认为 3306）；databasename 指的是 MySQL 中相应数据库的名称。

4. 通过 Connection 对象获取执行 SQL 语句的对象

通过 Connection 获取 Statement 对象（执行 SQL 语句的对象）有以下 3 个：

* createStatement()：创建基本的 Statement 对象。
* prepareStatement()：创建 PreparedStatement 对象。
* prepareCall()：创建 CallableStatement 对象。

以创建基本的 Statement 对象为例，创建方式如下：

Statement stmt = conn.createStatement();

5. 通过 Statement 对象执行 SQL 语句

所有的 Statement 都有以下 3 种执行 SQL 语句的方法：

* execute()：可以执行任何 SQL 语句。
* executeQuery()：通常执行查询语句，执行后返回代表结果集的 ResultSet 对象。
* executeUpdate()：主要用于执行 DML 和 DDL 语句。执行 DML 语句，如 INSERT、UPDATE 或 DELETE 时，返回受 SQL 语句影响的行数；执行 DDL 语句返回 0。

以 executeQuery() 方法为例，executeQuery() 方法调用形式如下：

```
// 执行 SQL 语句，获取结果集 ResultSet
ResultSet rs = stmt.executeQuery(sql);
```

6. 解析结果

如果执行的 SQL 语句是查询语句，执行结果将返回一个 ResultSet 对象，该对象保存了 SQL 语句查询的结果。程序可以通过操作该 ResultSet 对象取出查询结果。如果执行的是增删改的操作，则返回的是一个 int 值，表示受 SQL 语句影响的行数。

7. 关闭连接，释放资源

每次操作数据库结束后都要关闭数据库连接，释放资源，关闭顺序和声明顺序相反。需要关闭的资源包括 ResultSet、Statement 和 Connection 等。

8.3.2 实现 JDBC 程序的预操作

关于 JDBC 程序的预操作的内容请参考二维码显示。

JDBC 程序的
预操作

8.3.3 通过 Statement 对象实现 JDBC 程序的增删改查

1. 搭建数据库环境

按【 Windows+R 】组合键，输入【 cmd 】打开命令行模式，并且，进入 mysql-8.0.28-winx64 的 bin 目录，如图 8 - 3 所示。

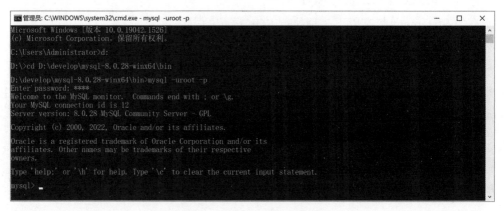

图 8 - 3　mysql-8.0.28-winx64 的 bin 目录

然后连接 mysql，输入如下命令：

mysql -uroot -p

输入密码"1234"连接 MySQL 数据库如图 8 - 4 所示。

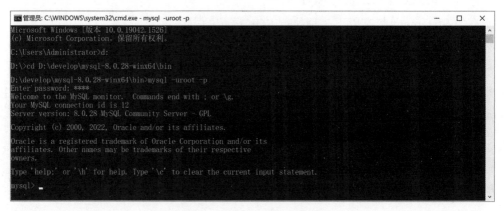

图 8 - 4　连接 MySQL 数据库

连接数据库之后，我们先来查看当前的数据库。输入如下命令：

show databases;

当前系统存在的数据库如图 8 - 5 所示。

现在，我们在 MySQL 中创建一个名称为 jdbc 的数据库，命令如下：

create database jdbc;

然后使用 jbdc 数据库，命令如下：

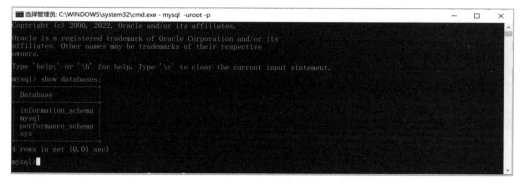

图 8 - 5　当前系统存在的数据库

use jdbc;

接下来，在 jdbc 数据库下创建一个表 users，命令如下：

```
CREATE TABLE users(
    id INT PRIMARY KEY AUTO_INCREMENT,
    name VARCHAR(40),
    password VARCHAR(40),
    email VARCHAR(60),
    birthday DATE
)DEFAULT CHARSET=UTF8;
```

创建 jdbc 数据库和表 users 过程如图 8 - 6 所示。

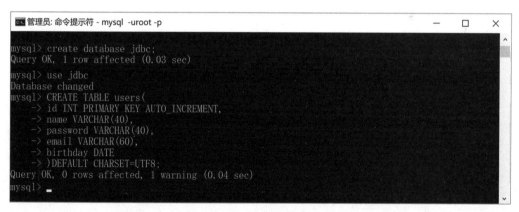

图 8 - 6　创建数据库和表过程

jdbc 数据库和 users 表创建成功后，再向 users 表中插入 3 条语句，插入的语句如下：

```
insert into users(name,password,email,birthday)
values('zhangs','123456','zs@sina.com','1980-12-04'),
('lisi','123456','lisi@sina.com','1981-12-04'),
('wangwu','123456','wangwu@sina.com','1979-12-04');
```

执行上述运行，如图 8 - 7 所示。

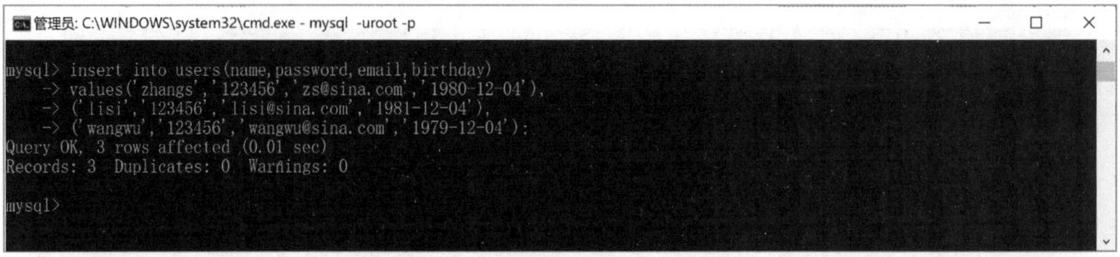

图 8 - 7　在 users 表中插入 3 条语句

接下来，可以使用如下命令查看表的情况：

show tables;

执行上述命令后，如图 8 - 8 所示。

图 8 - 8　查看当前表

通过图 8 - 8 可看出，jdbc 中有一个 users 表通过如下命令查看 use 表的结构：

desc users;

再输入如下命令，查看 user 表的所有数据：

select * from users;

从图 8 - 9 中可以看出，users 表中有刚刚插入的 3 条数据。

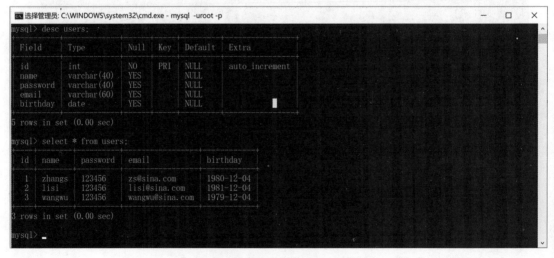

图 8 - 9　查看 users 表的结构和数据

2. 创建项目环境，导入数据库驱动

在 IDEA 中新建一个名称为 chapter08 的 Java 项目。在当前项目下，新建一个文件夹，右击【 chapter08 】→选择【 New 】→【 Directory 】，在弹出窗口中将该文件夹命名为 lib，项目根目录中就会出现一个名称为 lib 的文件夹。

将下载好的 MySQL 数据库驱动文件 mysql-connector-java-8.0.28.jar 复制到项目的 lib 目录中，并把 jar 包添加到项目里。但是我们还没有把 jar 包加载到 classpath 下。右击这个 jar 包，选择【 Add as Library 】，如图 8－10 所示，然后单击【 OK 】按钮，如图 8－11 所示。

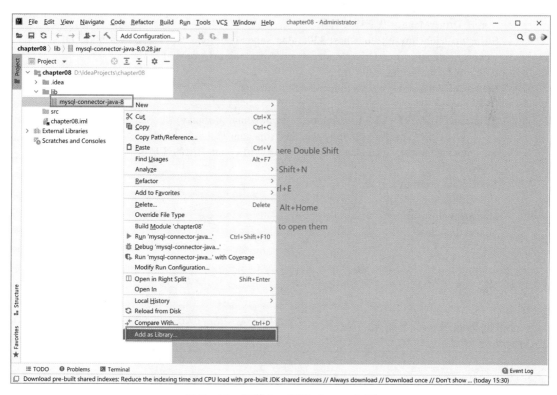

图 8－10　加载 jar 包到 classpath 下

图 8－11　确认加载

至此，jar 包添加完成并且成功加载到 classpath 路径下。

3. 编写 JDBC 程序

添加数据

在项目 chapter08 的 src 目录下，新建包 cn.itcast01，并且在该包下，新建一个类 Example01。该类用于实现往数据库 jbdc 中的表 users 中添加一条数据：

```java
package cn.itcast01;
import java.sql.*;
public class Example01 {
    public static void main(String[] args) throw ClassNotFoundException, SQLException {
        // 加载 mysql 驱动
        Class.forName("com.mysql.cj.jdbc.Driver");
        // 通过 DriverManger 获取连接对象
        String url="jdbc:mysql://localhost:3306/jdbc?serverTimezone=GMT%2B8&useSSL=false";
        Connection connection=DriverManager.getConnection(url,"root","1234");
        // 获取执行 sql 语句的对象
        Statement statement = connection.createStatement();
        // 执行 sql 语句
        String sql="INSERT INTO users(name,password,email,birthday) " +
            "VALUES ('zhaoliu','123456','zhaoliu@sina.com','2006-06-06')";
        int count=statement.executeUpdate(sql);   // 返回值 count 表示的就是这个 sql 语句影响的行数
        // 解析结果
        System.out.println(count);
        // 资源的释放
        statement.close();
        connection.close();

    }

}
```

运行结果如图 8 - 12 所示。

图 8 - 12　运行结果

由图 8 - 12 可以看出，受影响的 SQL 语句有 1 条。回到命令行模式，来查询一下 users 表，如图 8 - 13 所示。

由图 8 - 13 可以看出，users 表新增了一条 zhaoliu 数据。至此，第一个 JDBC 程序完成。接下来，来完成修改操作，其实只需要更改 SQL 语句相关部分的代码就可以了：

```java
package cn.itcast02;
import java.sql.Connection;
```

```java
import java.sql.DriverManager;
import java.sql.SQLException;
import java.sql.Statement;

public class Example02 {
    public static void main(String[] args) throws ClassNotFoundException, SQLException {
        update();
    }
    public static void update() throws ClassNotFoundException, SQLException {
        // 加载 mysql 驱动
        Class.forName("com.mysql.cj.jdbc.Driver");
        // 通过 DriverManger 获取连接对象
        String url="jdbc:mysql://localhost:3306/jdbc?serverTimezone=GMT%2B8&useSSL=false";
        Connection connection= DriverManager.getConnection(url,"root","1234");
        // 获取执行 sql 语句的对象
        Statement statement = connection.createStatement();
        // 执行 sql 语句
        String sql="UPDATE users SET name ='xiaozhang',password='456',email='xiaozhang@sina.com',birthday='2006-06-06' WHERE id=1";
        int count=statement.executeUpdate(sql);   // 返回值 count 表示的就是这个 sql 语句影响的行数
        // 解析结果
        System.out.println(count);
        // 资源的释放
        statement.close();
        connection.close();
    }
}
```

图 8 - 13　运行结果

运行结果如图 8 - 14 和图 8 - 15 所示。

图 8 - 14   运行结果

```
mysql> select * from users;
+----+-----------+----------+---------------------+------------+
| id | name      | password | email               | birthday   |
+----+-----------+----------+---------------------+------------+
| 1  | xiaozhang | 456      | xiaozhang@sina.com  | 2006-06-06 |
| 2  | lisi      | 123456   | lisi@sina.com       | 1981-12-04 |
| 3  | wangwu    | 123456   | wangwu@sina.com     | 1979-12-04 |
| 4  | zhaoliu   | 123456   | zhaoliu@sina.com    | 2006-06-06 |
+----+-----------+----------+---------------------+------------+
4 rows in set (0.00 sec)

mysql>
```

图 8 - 15   运行结果

由图 8 - 14 和图 8 - 15 可以看出，受影响的 SQL 语句只有一条，并且 users 表中已经成功修改。

接下来，再来演示一下删除操作。仍然是只需要修改一下 SQL 语句相关的代码就可以：

```java
package cn.itcast03;
import java.sql.Connection;
import java.sql.DriverManager;
import java.sql.SQLException;
import java.sql.Statement;

public class Example03 {
    public static void main(String[] args) throws ClassNotFoundException, SQLException {
        delete();
    }
    public static void delete() throws ClassNotFoundException, SQLException {
        // 加载 mysql 驱动
        Class.forName("com.mysql.cj.jdbc.Driver");
        // 通过 DriverManger 获取连接对象
        String url="jdbc:mysql://localhost:3306/jdbc?serverTimezone=GMT%2B8&useSSL=false";
        Connection connection= DriverManager.getConnection(url,"root","1234");
        // 获取执行 sql 语句的对象
        Statement statement = connection.createStatement();
        // 执行 sql 语句
        String sql="DELETE FROM users WHERE id=2";
        int count=statement.executeUpdate(sql);    // 返回值 count 表示的就是这个 sql 语句影响的行数
```

```
            // 解析结果
            System.out.println(count);
            // 资源的释放
            statement.close();
            connection.close();

        }

    }
```

运行结果如图 8 – 16 和图 8 – 17 所示。

图 8 – 16　运行结果

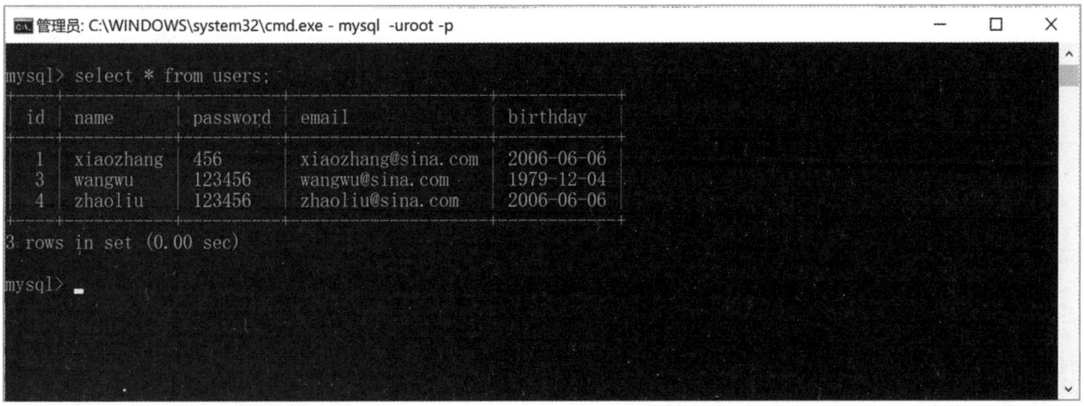

图 8 – 17　运行结果

由图 8 – 16 和图 8 – 17 可以看出，受影响的 SQL 语句只有一条，并且 users 表中已经成功删除第 2 条 lisi 相关数据。

最后，来完成查询操作：

```
package cn.itcast04;
import java.sql.*;
public class Example04 {
    public static void main(String[] args) throws ClassNotFoundException, SQLException {
        select();
    }
    public static void select() throws ClassNotFoundException, SQLException {
        // 加载 mysql 驱动
        Class.forName("com.mysql.cj.jdbc.Driver");
        // 通过 DriverManger 获取连接对象
```

```
String url="jdbc:mysql://localhost:3306/jdbc?serverTimezone=GMT%2B8&useSSL=false";
Connection connection= DriverManager.getConnection(url,"root","1234");
// 获取执行 sql 语句的对象
Statement statement = connection.createStatement();
// 执行 sql 语句
String sql="SELECT * FROM USERS";
ResultSet rs = statement.executeQuery(sql);

// 解析结果
while (rs.next()){
    int id=rs.getInt("id");
    String name=rs.getString("name");
    String passWord=rs.getString("passWord");
    String email=rs.getString("email");
    Date date=rs.getDate("birthday");
    System.out.println(id+"----"+name+"---"+passWord+"---"+email+"---"+"---"+date);
}

// 资源的释放
statement.close();
connection.close();

    }

}
```

运行结果如图 8 - 18 所示。

图 8 - 18 运行结果

由上述代码可以看出，当执行查询语句时，使用的不再是 Statement 对象的 executeUpdate() 方法而是 Statement 对象的 executeQuery() 方法。executeQuery() 方法获取的是一个 ResultSet 结果集，由于我们的结果集有多条数据，因此肯定需要用循环获取所有数据库数据。

至此 JDBC 的增删查改程序已经演示完成了。在实现 JDBC 程序时，还要有以下 3 点注意：

（1）注册驱动。虽然使用 DriverManager.registerDriver(new com.mysql.cj.jdbc.Driver()) 方法也可以完成注册，但这种方式会使数据库驱动被注册两次。因为在 Driver 类的源码中，已经在静态代码块中完成了数据库驱动的注册。为了避免数据库驱动被重复注册，只需要在程序中使用 Class.forName() 方法加载驱动类即可。

（2）释放资源。由于数据库资源非常宝贵，数据库允许的并发访问连接数量有限，因此，当数据库资源使用完毕后，一定要记得释放资源。在释放资源的时候，要抛出异常或者使用 try catch 语句处理异常，如果处理异常的话，为了保证资源的释放，应该将释放资源的操作放在 finally 代码块中。

（3）获取数据库连接。在新版本中获取数据库连接时需要设置时区为北京时间（serverTimezone=GMT%2B8），因为安装数据库时默认为美国时间。如果不设置时区为北京时间，系统会报 MySQL 设置时区与当前计算机系统时区不符的错误。

此外，MySQL 高版本需要指明是否进行 SSL 连接，否则会出现警告信息。警告信息具体如下：

Fri Mar 20 18:55:47 CST 2020 WARN: Establishing SSL connection without server's identity verification is not recommended. According to MySQL 5.5.45+, 5.6.26+ and 5.7.6+ requirements SSL connection must be established by default if explicit option isn't set. For compliance with existing applications not using SSL the verifyServerCertificate property is set to 'false'. You need either to explicitly disable SSL by setting useSSL=false, or set useSSL=true and provide truststore for server certificate verification.

遇到这种情况，只需要在 mysql 连接字符串 url 中加入 useSSL=true 或者 false 即可，具体示例如下：

url=jdbc:mysql://127.0.0.1:3306/jdbc?characterEncoding=utf8&useSSL=true

8.3.4 通过 PreparedStatement 对象实现 JDBC 程序的增删改查

PreparedStatement 对象可以对 SQL 语句进行预编译，预编译的信息会存储在该对象中。当相同的 SQL 语句再次执行时，程序会使用 PreparedStatement 对象中的数据，而不需要对 SQL 语句再次编译去查询数据库，这样就大大提高了数据的访问效率。为了使大家快速了解 PreparedStatement 对象，接下来通过案例来演示 PreparedStaement 对象的使用。

本小节中，使用第一步的已经搭建好的数据库环境和第二步已经创建好的项目环境和导入的数据库驱动。现在我们来编写 JDBC 程序，完成数据库的增删查看操作。首先，编写案例 5，完成数据库的添加操作，往 user 表中，添加一条数据：

添加数据

```
package cn.itcast05;
import java.sql.*;
import java.util.Date;

public class Example05 {
    public static void main(String[] args) throws SQLException, ClassNotFoundException {
        insert();
    }
```

```java
public static void insert() throws ClassNotFoundException, SQLException {
    // 加载 mysql 驱动
    Class.forName("com.mysql.cj.jdbc.Driver");
    // 通过 DriverManger 获取连接对象
    String url="jdbc:mysql://localhost:3306/jdbc?serverTimezone=GMT%2B8&useSSL=false";
    Connection connection= DriverManager.getConnection(url,"root","1234");

    // 获取执行 sql 语句的对象
    String sql="INSERT INTO users(name,password,email,birthday) VALUES (?,?,?,?)";
    PreparedStatement preparedStatement = connection.prepareStatement(sql);

    // 给占位符赋值
    preparedStatement.setString(1,"liming");
    preparedStatement.setString(2,"123456");
    preparedStatement.setString(3,"liming@sina.com");
    preparedStatement.setDate(4,new java.sql.Date(new Date().getTime()));

    // 执行 sql 语句
    int count=preparedStatement.executeUpdate();
    System.out.println(count);

    // 释放资源
    preparedStatement.close();
    connection.close();

    }
}
```

运行结果如图 8 – 19 和图 8 – 20 所示。

图 8 – 19　运行结果

上述代码中获取的执行 SQL 语句对象，此时获取的不再是 Statement 对象而是其子对象 PreparedStatement 对象，那么，定义的 SQL 语句中，在进行参数指定时，没有必要把数据固定了，先使用占位符? 来进行表示，然后调用 PreparedStatement 对象的 setXxx() 方法，给 SQL 语句的参数赋值，最后通过调用 executeUpdate() 方法执行 SQL 语句。

由图 8 – 19 和图 8 – 20 的运行结果可以看出，受影响的 SQL 语句只有一条，并且 users 表中已经成功添加 liming 这条数据。

接下来，我们通过 PreparedStatement 对象来对数据库进行更改操作。只需要修改上述代码的 SQL 语句和占位符相关的代码：

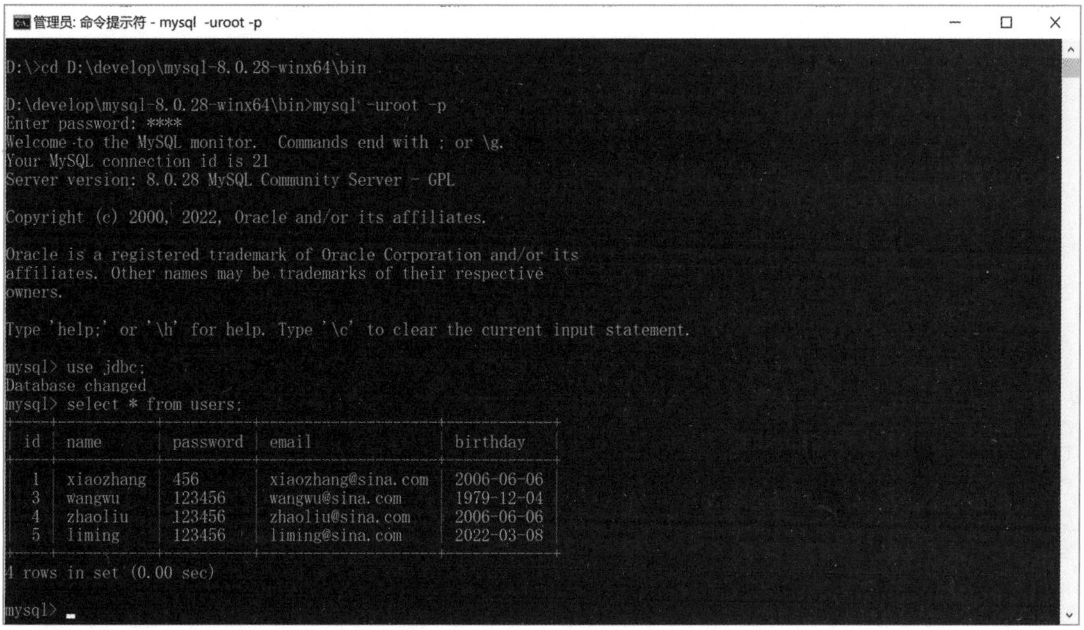

图 8 - 20　运行结果

```java
package cn.itcast06;
import java.sql.Connection;
import java.sql.DriverManager;
import java.sql.PreparedStatement;
import java.sql.SQLException;
import java.util.Date;

public class Example06 {
    public static void main(String[] args) throws SQLException, ClassNotFoundException {
        update();
    }
    public static void update() throws ClassNotFoundException, SQLException {
        // 加载 mysql 驱动
        Class.forName("com.mysql.cj.jdbc.Driver");
        // 通过 DriverManger 获取连接对象
        String url="jdbc:mysql://localhost:3306/jdbc?serverTimezone=GMT%2B8&useSSL=false";
        Connection connection= DriverManager.getConnection(url,"root","1234");

        // 获取执行 sql 语句的对象
        String sql="INSERT INTO users(name,password,email,birthday) VALUES (?,?,?,?)";
        PreparedStatement preparedStatement = connection.prepareStatement(sql);

        // 给占位符赋值
        preparedStatement.setString(1,"liming");
        preparedStatement.setString(2,"123456");
        preparedStatement.setString(3,"liming@sina.com");
        preparedStatement.setDate(4,new java.sql.Date(new Date().getTime()));
```

```
        // 执行 sql 语句
        int count=preparedStatement.executeUpdate();
        System.out.println(count);

        // 释放资源
        preparedStatement.close();
        connection.close();

    }
}
```

运行结果如图 8 – 21 和图 8 – 22 所示。

图 8 – 21　运行结果

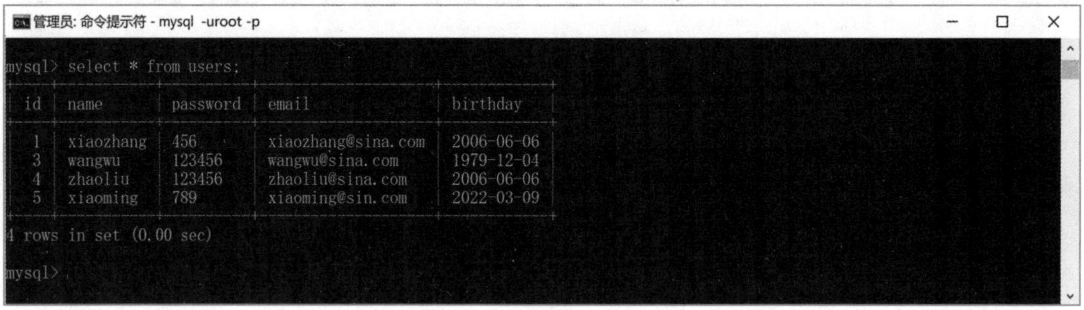

图 8 – 22　运行结果

由图 8 – 21 和图 8 – 22 可以看出，受影响的 SQL 语句只有一条，并且 users 表中已经成功修改 id 为 5 的数据。

接下来，通过案例 7 来演示数据库的删除操作，仍然只需要修改 SQL 语句和占位符相关的语句：

```
package cn.itcast07;
import java.sql.Connection;
import java.sql.DriverManager;
import java.sql.PreparedStatement;
import java.sql.SQLException;

public class Example07 {
    public static void main(String[] args) throws SQLException{
        delete();
    }

    public static void delete() throws SQLException {
```

```
        Connection conn=null;
        PreparedStatement preStmt=null;

        try {
            // 加载 mysql 驱动
            Class.forName("com.mysql.cj.jdbc.Driver");
            // 通过 DriverManger 获取连接对象
            String url="jdbc:mysql://localhost:3306/jdbc?serverTimezone=GMT%2B8&useSSL=false";
            conn= DriverManager.getConnection(url,"root","1234");

            // 获取执行 sql 语句的对象
            String sql="DELETE FROM users WHERE id=?";
            preStmt = conn.prepareStatement(sql);

            // 给占位符赋值
            preStmt.setInt(1,5);

            // 执行 sql 语句
            int count=preStmt.executeUpdate();
            System.out.println(count);
        } catch (ClassNotFoundException e) {
            e.printStackTrace();
        }
        finally {
            // 释放资源
            preStmt.close();
            conn.close();
        }
    }
}
```

运行结果如图 8 - 23 和图 8 - 24 所示。

图 8 - 23　运行结果

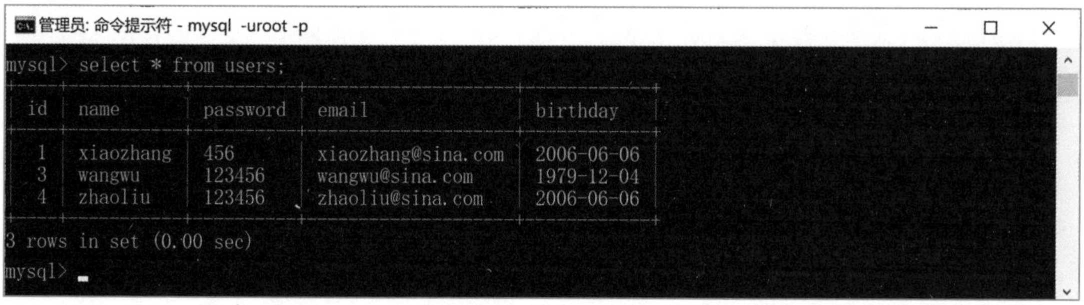

图 8 - 24　运行结果

上述代码中，对于加载驱动异常，即 ClassNotFoundException，并没有选择抛出，而是选择使用 try...catch 语句进行处理。这里要注意的是，对于资源的释放要放在 finally 模块。

由图 8 – 23 和图 8 – 24 可以看出，受影响的 SQL 语句只有一条，并且 users 表中已经删除 id 为 5 的这条数据。

最后，通过案例 8 来完成数据库的查询操作：

```
package cn.itcast08;
import java.sql.*;

public class Example08 {
    public static void main(String[] args) throws SQLException, ClassNotFoundException {
        select();
    }

    public static void select() throws ClassNotFoundException, SQLException {
        // 加载 mysql 驱动
        Class.forName("com.mysql.cj.jdbc.Driver");
        // 通过 DriverManger 获取连接对象
        String url="jdbc:mysql://localhost:3306/jdbc?serverTimezone=GMT%2B8&useSSL=false";
        Connection connection= DriverManager.getConnection(url,"root","1234");

        // 获取执行 sql 语句的对象
        String sql="SELECT * FROM users ";
        PreparedStatement preparedStatement = connection.prepareStatement(sql);

        // 执行 sql 语句
        ResultSet rs = preparedStatement.executeQuery();
        while (rs.next()){
            int id=rs.getInt("id");
            String name=rs.getString("name");
            String passWord=rs.getString("passWord");
            String email=rs.getString("email");
            java.sql.Date date=rs.getDate("birthday");
            System.out.println(id+"----"+name+"---"+passWord+"---"+email+"---"+"---"+date);
        }

        // 释放资源
        preparedStatement.close();
        connection.close();

    }
}
```

运行结果如图 8 – 25 所示。

注意，当执行查询语句时，使用的不再是 PreparedStatement 对象的 executeUpdate() 方法而是 PreparedStatement 对象的 executeQuery() 方法。

图 8-25 运行结果

本章小结

本章主要讲解了 JDBC 的基本知识，包括什么是 JDBC、JDBC 的常用 API、JDBC 的使用，以及如何在项目中使用 JDBC 实现对数据的增删改查等知识。通过本章的学习，大家可以了解到什么是 JDBC，熟悉 JDBC 的常用 API，掌握如何使用 JDBC 操作数据库等。

本章习题

一、填空题

1. JDBC 驱动管理器专门负责注册特定的 JDBC 驱动器，主要通过_____类实现。

2. 在编写 JDBC 应用程序时，必须要把指定数据库驱动程序或类库加载到_____中。

3. Statement 接口的 executeUpdate(String sql) 方法用于执行 SQL 中的 insert、_____和 delete 语句。

4. PreparedStatement 是 Statement 的子接口，用于执行_____的 SQL 语句。

5. ResultSet 接口中定义了大量的 getXXX() 方法，如果使用字段的索引来获取指定的数据，字段的索引是从_____开始编号的。

二、判断题

1. 应用程序可以直接与不同的数据库进行连接，而不需要依赖于底层数据库驱动。(　　　)

2. Statement 接口的 execute(String sql) 返回值是 boolean，它代表 SQL 语句的执行是否成功。(　　　)

3. PreparedStatement 是 Statement 的子接口，用于执行预编译的 SQL 语句。(　　　)

4. 使用 DriverManager.registerDriver 进行驱动注册时，将导致数据库驱动被注册 1 次。(　　　)

5. PreparedStatement 接口中的 setDate() 方法可以设置日期内容，但参数 Date 的类型必须是 java.util.Date。(　　　)

三、选择题

1. 下面关于 JDBC 驱动器 API 与 JDBC 驱动器关系的描述，正确的是(　　　)。

　　A. JDBC 驱动器 API 是接口，而 JDBC 驱动器是实现类

　　B. JDBC 驱动器 API 内部包含了 JDBC 驱动器

　　C. JDBC 驱动器内部包含了 JDBC 驱动器 API

　　D. JDBC 驱动器是接口，而 JDBC 驱动器 API 是实现类

2. 关于 JDBC 访问数据库的说法错误的是(　　　)。

A. 建立数据库连接时，必须加载驱动程序，可采用 Class.forName() 实现

B. 建立与某个数据源的连接可采用 DriverManager 类的 getConnection 方法

C. 建立数据库连接时，必须要进行异常处理

D. JDBC 中查询语句的执行方法必须采用 Statement 类实现

3. JDBC API 主要位于下列选项的哪个包中？（　　　）

    A. java.sql.*　　　　B. java.util.*　　　　C. javax.lang.*　　　　D. java.text.*

4. 下面选项中，用于将参数化的 SQL 语句发送到数据库的方法是（　　　）。

    A. prepareCall(Stringsql)　　　　　　B. preparedStatement(Stringsql)

    C. registerDriver(Driverdriver)　　　　D. createStatement()

5. 下面选项，关于 ResultSet 中游标指向的描述正确的是（　　　）。

    A. ResultSet 对象初始化时，游标在表格的第一行

    B. ResultSet 对象初始化时，游标在表格的第一行之前

    C. ResultSet 对象初始化时，游标在表格的最后一行之前

    D. ResultSet 对象初始化时，游标在表格的最后一行

6. 下列选项中，能够实现预编译的是（　　　）。

    A. Statement　　　　　　　　　　　B. Connection

    C. PreparedStatement　　　　　　　　D. DriverManager

7. 关于 Statement 的使用，下列说法正确的是（　　　）(多选)。

    A. 继承了 Statement 接口中所有方法的 PreparedStatement 接口都有自己的 executeQuery、exexuteUpdate 和 execute 方法

    B. Statement 是预编译的，效率高

    C. Statement 对象用类 Connection 的方法 createStatement 创建

    D. 还可以绑定参数，防止 SQL 注入问题

8. 关于 PreparedStatement 对象的使用，下列说法不正确的是（　　　）。

    A. PreparedStatement 是个类

    B. PreparedStatement 继承了 Statement

    C. PreparedStatement 是预编译的，效率高

    D. PreparedStatement 可以绑定参数，防止 SQL 注入问题

9. 下列关于 ResultSet 接口的说法正确的是（　　　）(多选)。

    A. ResultSet 接口被用来提供访问查询结果的数据表，查询结果被当作 ResultSet 对象而返回

    B. ResultSet 对象提供"指针"，指针每次访问数据库表的一行

    C. ResultSet 的 next() 方法用来移动指针到数据表的下一行，如果到达表尾，next() 方法返回 false，否则为 true

    D. ResultSet 接口提供大量的获得数据的方法，这些方法返回数据表中任意位置的数据，不论是基本类型的数据或引用类型的数据

四、简答题

1. 简述 JDBC 编程的 6 个开发步骤。

2. Statement 接口和 PreparedStatement 接口有什么区别？